KB088607

아홉 번 덖음차

아홉 번 덖음차

묘덕 지음

담앤북스

들어가는 글

또 봄이 되었습니다. 해마다 이맘때면 남녘으로 한 철 여행을
떠나곤 했지요. 그런 지가 두 손의 손가락 모두를 두 번씩은
꼽아야 하는 세월이 쌓였습니다. 누구에게는 가슴 설레는
사랑이고 새로운 행복이었던 봄날, 고통이 두려워 숨고 싶은
바보도 있었습니다.
살면서, 아니 살아내면서 그 모든 순간 가장 가까이서
하나가 되어 곁에 있어준 아홉 번 덖음차에 감사와 사랑을
전합니다. 추즐추즐 봄비 내리는 날엔 휴식이었습니다.
새로운 친구도 끌어 주었습니다. 수없는 인연들에게 기다림을
알려주었습니다. '다시는… 다시는…'이라며 절망의 시큼한
맛도 보여주었습니다. 하지만 늘 손 내밀어 일으켜 주었지요.
내게 항상 그러했듯, 사랑하는 모든 이들에게 이 모든 이야기를
들려주고 싶었습니다. 알지도 못한 채 차가 풍기는 향내에
이끌리는 이 봄날에 모두 평안하고 행복하시기 바랍니다.

느긋이 천천히 움 트고 잎 피듯 기억 속 깊이 행복 하나
활짝 피어나길 두 손 모아 기원합니다. 두 손에 따뜻한 온기
가득 담긴 찻잔 들며 얻은 사랑이 온통 당신이길 바랍니다.
늘 묵묵히 자리 지키는 차화로 강진구 님에게 고마움을
전합니다. 책을 내려고 묶어놓은 원고를 찬찬히 살펴주신
해인사 〈월간 해인〉 편집장 도정 스님께 두 손 모읍니다.
세상에 아홉 번 덖음차를 알리려 애써 주신 안충기 기자님께
깊은 감사를 전합니다. 이 책의 제명을 직접 써주신 석창우
화백님, 아름다운 사진으로 도움을 주신 권혁재 사진기자님,
정연호 화가님, 조성환 대표님, 조신형 교수님, 이토록 많은
분들의 도움으로 이 책이 세상에 얼굴을 내밀었습니다.

그리고 지리산 깊은 골에서 야생 찻잎을 하나하나 따준
모든 분들께 깊은 감사를 드립니다. 이 자리에 이름을 직접
올리지 않았지만, 수많은 분들의 도움이 있었기에 아홉 번
덖음차가 세상에 제 모습과 향기를 낼 수 있었습니다. 이 세상
무엇도 홀로 존재하지 않음을, 차를 덖으며 책을 내며 더 깊이
체감하게 되었습니다. 여기까지 이끌어주신 부처님 은혜에
감사드리고, 이 모든 인연들께 감사드립니다.

묘덕아홉번덖음차연구회 이사장
묘덕 합장

초록별이 지구별에 여행을 왔다.
반짝이며 해줄 얘기가 많다는 듯.
귀 기울여주는 이 기다리는 듯.
어느 해인가.
아지랑이 이는 차밭 이랑에 서서
봄날 싱그러운 바람에 햇살까지 빛나
반짝거리는 햇차 순에 넋이 빠져
시간을 놓쳐 버렸다.

아무런 예고도 기척도 없이
내 안으로 훅 들어온 초록별.

법제

法製

아홉 번 덖기

차
茶

차나무와 차

음다
飮茶

차 즐기기

차인 茶人

묘덕

법제

法製

아홉 번 덖기

제다와 법제

차를 만드는 일을 일러 '제다(製茶)'라고들 한다.
일반적으로 알고 있는 표현이다. 차 만들기의 주체가
사람이라고 보는 거다. 그 주체가 경험한 것만큼이나,
아니면 하고 싶은 만큼의 방법과 시간 그리고 또 다른
행위를 조절하는 걸 말함이다.

하지만 아홉 번 덖음차에서는 '차를 비빈다'고 한다.
그래서 아홉 번 덖음차는 차 비비는 일을 '법제(法製)'라고 한다.
그 이유는 주체가 사람이 아니라 차라고 여기기 때문이다.
차를 어느 정도 다루다 보면 차를 읽어내게 되는데,
차가 함유한 습도라든가 자란 장소 또는 채취시기를 어느
정도 손끝에 느껴지는 감각으로 알게 된다. 그걸 기준으로
차솥의 온도를 설정하는 것이다. 차를 '법제'라 이르는 이유는
앞서 잠깐 설명해 본 바와 같이 차솥의 온도와 시간설정은
내가 정하는 게 아니라 찻잎의 상태에 따라야 하기 때문이다.
차가 먹고 싶은 만큼의 불을 먹여야 하는 것이다.

대부분 제다인이 경험한 차맛의 재현을 꾀하려 차 덖는 일을 해내지만, 참 오묘한 일은 그런 일은 두 번 다시 오지 않는다는 것이다. 맛이란 오감 중 하나라 매 순간 스스로 육신의 상태에 따라 원하는 혀끝의 감각이 달라지므로 매우 위험한 도모임을 알아야 한다. 그리고 찻잎도 해마다 상태가 다르므로 그런 걸 감지해내는 일에 몰두해야 차에서 얻을 수 있는 차의 오롯한 기운인 맛과 향, 그리고 색을 모두 얻을 수 있다.

누구나 어디서든 어떻게 해도 되는 일이다.
그 일을 해냄으로 인해 누군가에겐 행복한 시간이 되고,
누군가에겐 삶의 방법이 되고, 누군가에겐 되돌릴 길 없는
숙명이 되기도 한다. 그 많고 많은 일 중에 차를 만나 덖고,
마시고, 행복하고, 때론 주저앉아 억울해하기도 한
내가 경험한 아홉 번 덖음차 이야기.

오, 이제 차 이야기를 슬슬 시작하련다.

차철

차철이 되고 있다. 봄 되면 산과 들에는 온갖 새순이 피어나 연둣빛 세상을 만든다. 차나무도 묵은 잎 위에 뾰족 새 움이 올라온다. 이 새 움이 활짝 오르기 시작하는 때를 일러 차철이라 하기도 하고, 올라온 새순을 온종일 채취해서 밤에 덖고 비벼 햇차 만드는 시기를 차철이라 하기도 한다. 차철은 차산지에 깃들어 사는 이들이나 차를 다루며 사는 이들 그리고 차를 즐겨 마시는 이들이 쓰는 말이다.

차철엔 "옆집 개도 불러 쓴다."는 말이 있단다. 어느 해인가 차밭 두둑에서 찻잎을 따는데 남산골 할머니가 하신 말씀이다. 그 말인즉 너무 바쁘다 보니 체면이나 염치없이 어떤 일이라도 지나가는 사람까지도 불러 시킬 수밖에 없어서 하던 말이었다고 한다.

지리산 차밭

봄비가 진종일 추즐추즐 내린 다음 날엔 찻잎이 부쩍
크게 올라온다. 그렇더라도 물 많이 먹은 찻잎은 못 쓴다.
하지만 차 농사집에서는 일손이 모자라 급한 나머지 그냥
막 집어 온다. 물 가득 먹은 차를 말려 대려면 진땀깨나 흘려야
한다. 개념 없이 찻일을 할 수밖에 없는 때도 있게 된다.
함께 리듬 맞추어 살 수밖에 없으니 도리가 없다.

차철이 오고 있다. 곧 봄비가 두어 차례 지나고 나면,
지리산엔 골골마다 초록으로 물들고 두런두런 사람 사는
이야기, 찻잎 솟아오르는 소리가 한데 어울려 차천지를
이루게 되겠다.

차솥 걸기

처음 차솥 걸던 날이었다. 사람들은 도대체 차솥을 어떤 방식으로 얹혀야 되는지 궁금증이 대단했다. 차솥을 거는 데 굴뚝을 없애라고 했으니 말이다. 사람들 상식을 완전히 뒤집었으니 그런 게다. 굴뚝 없이 솥을 어떻게 쓴다는 것인지 무척 답답하다는 항변을 강하게 퍼부어 댔다. 하지만 나는 굴뚝이 없어야 한다며 이렇게 저렇게 솥단지를 걸라고 일렀다. 벽돌 몇 장과 아궁이 천장에 얹을 짧은 철근 몇 개 그리고 흙 반죽할 찰흙 조금. 그리고 곧 차솥을 걸 만한 남자분들이 올라왔다.

"하라는 대로 해볼 게요."

"이렇게 둥그렇게 틀을 잡고 벽돌을 쭈욱 쌓으세요.
가운데, 아래쪽으로 아궁이 겸 바람 구멍을 내고요.
그러고는 흙 반죽을 안팎으로 두껍게 바르세요.
이 뜨거운 불길을 견디는 건 흙뿐이니까요."

다들 의아해했다. 프로라니까 대단한 특별한 무슨 기법이 있는가 하고 기대를 엄청 하는 것 같았다. 땅바닥에 발로 둥근 모양을 그리고, 벽돌을 쌓아 달라 했다. 차솥을 그렇게 아주 어설프게 얹혀 놓고 나니, 차를 아홉 번이나 덖는다면서 차솥 거는 일은 정말 쉽고 간편하다는 생각과 이래서야 차를 덖을 수 있겠냐는 의심을 함께 하는 것이 느껴졌다. 훗날 내 차솥 거는 이야기는 화제가 되고, 다들 견학 오는 상황이 되었다.

제살

아홉 번 덖음차는 찻잎을 약 400도에서 450도 사이의 고온에서 덖는다. 이렇게 높은 온도에서 덖는 건 제살(制殺)을 위해서다. 제살은 음양오행학에서 사용하는 말이다. 세상은 음과 양이라는 서로 상반된 속성에 의해 만들어지고 작용한다. 마치 빛이 강하면 그림자도 짙은 것과 같다. 그래서 약성이 높으면 그에 비례해서 독성도 강하다. 사실 약성은 독성을 바탕으로 형성되고 커가기 때문이다. 차가 오미(五味)와 오기(五氣)를 갖추면서 성질이 매우 차갑다면 어떻게 취해야 하는지를 고민해 봐야 한다. 그토록 심한 차가움을 죽이기 위해 센 불로 덖는 것이다. 이것이 제살이다. 차의 냉성을 극하면서 다스리는 것이다.

애초부터 단 한 번의 덖음으로 제살이 가능하다면 굳이 아홉 번을 덖지 않아도 될 일이다. 매번 뜨거운 솥가마에서 덖다 보면 차의 성분변화에 따라 향기나 모양, 색깔이 달라지는 것을 알 수 있다. 사람들이 상대의 안색을 살펴보고 안부를 아는 것과 같다. 안색을 살피듯 차색을 살피는 것이다.

차에는 우리 몸에 유익한 성분도 많지만 불리한 성분이나 성질도 있다. 그 불리하고 불필요한 성분과 성질을 약성으로 전화시키거나 중화시켜야 안심하고 먹을 수 있는 것이다. 어떤 방법으로든 이를 바꾸지 않고 그냥 먹을 수는 없는 일이다. 차를 만드는 이는 이 불리하고 불필요한 성분과 성질을 제대로 변화시키는 일을 우선적으로 해야 할 것이다.

굴뚝 없는 차솥

대부분의 차고지에 가보면 차솥이 뒤에서 앞으로 비스듬히 걸렸거나 옆으로 비스듬히 걸려 있고, 모두 차솥 뒤쪽으로 굴뚝을 내고 있다. 허리가 아프고 힘드니까 비스듬하게 솥을 얹혔다는 이야기다.

이 차솥에 불을 지펴보면 바람길만 솥단지 온도가 아주 높고 솥바닥의 다른 부분은 낮았다. 왜 그럴까? 아궁이, 그러니까 바람구멍 반대쪽으로 낸 굴뚝이 아궁이의 1/4 크기나 된다. 그러니 불을 때도 바람이 아궁이 불기운을 굴뚝으로 다 빼어버린다. 솥의 온도를 고민해 보지 않았기 때문에 굴뚝을 만든 것이다. 굴뚝으로 열을 뺏기면 차를 덖는 데 어려움이 있을 뿐만 아니라 솥의 온도를 높이는 건 아예 힘든 거다.

차솥을 다루다 보면 차맛을 어느 정도 읽을 수 있게 된다. 차맛은 차솥의 온도와 직결되기 때문이다. 차솥은 복사열을 얻을 수 있으면서, 솥단지 바닥과 옆면의 온도가 똑같을 수 있도록 얹혀야 한다. 이게 솥단지를 앉히는 나만의 특별한 기술이다.

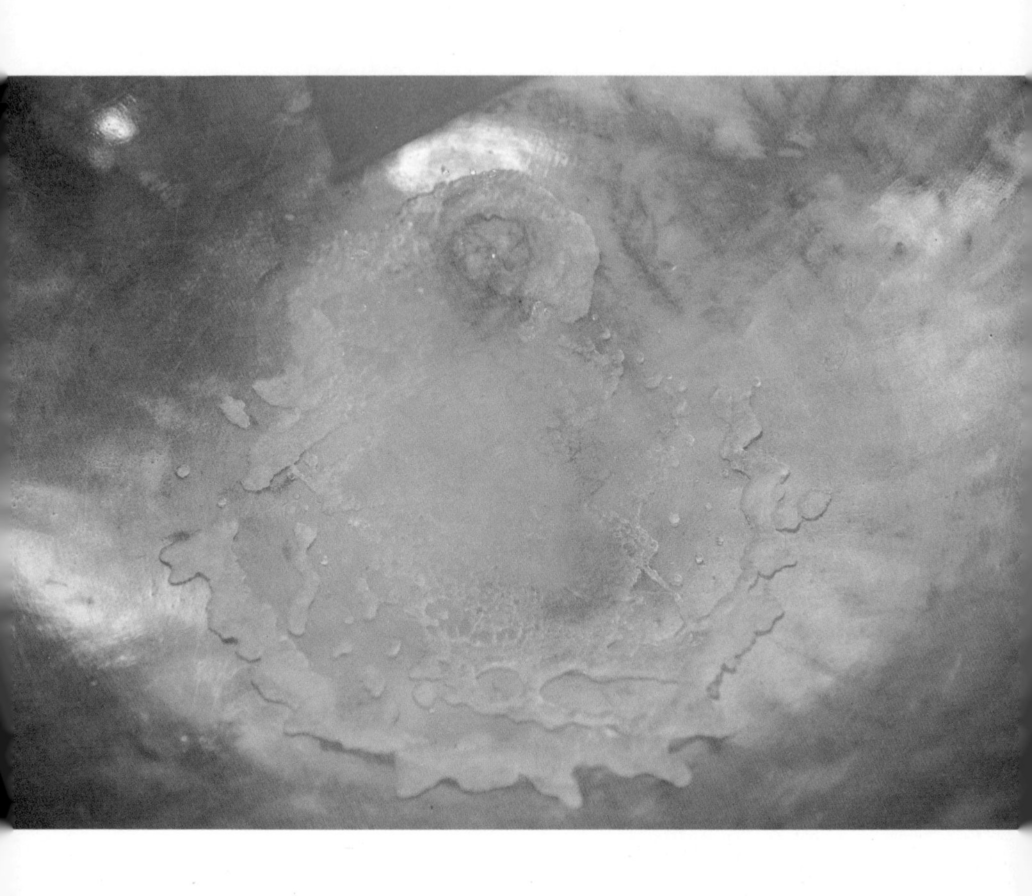

불 올리기

가마에 불을 최대한 높여 솥단지를 달군다.
한참 지나도록 기다렸다가 얼굴을 들이대고 열기를 가늠한다.
그렇게 해도 제대로 알 수 없으니 물바가지로 물 한주먹
부어본다. 피시식 피시식 소리를 내며 물이 증발해버린다.
아직도 차솥이 불을 덜 먹어서 내는 소리니 한참 불을
더 먹이고 물을 한 번 더 부어본다. 윙윙 소리를 내며 물은
그대로 커다란 물방울이 되어 솥 안에서 크게 원을 그리며
빙빙 돌아간다. 이제야 찻잎 한 소쿠리를 탁 털어 붓는다.
지금부터 차 덖는 일이 시작이다.

차, 너를 대하면 늘 설레임으로 두근거리다. 이 신묘한 작용을
누구에게도 말하지 못했다. 차가 두런두런 말을 걸어온다.
봄날 나른한 오수에 한참 젖어 있었는데, 초록 잎들을 만나니
씻긴 듯 상쾌하다. 누가 깨우기라도 한 것처럼 맑다.
좀 전 찌뿌둥하고 피곤했던 몸이 순간에 가벼워지다니,
내가 널 만나는 순간이 잉태다. 힘의 원천이다.

첫 솥

차를 덖을 때, 첫 불은 최대한 고온이라야 한다. 차솥에 처음 차를 넣고 덖을 때, 첫 솥 온도가 아주 고온이라야 찻잎을 제살(制殺)시킬 수 있다. 무조건 고온이라고 말하면 가늠하기가 좀 곤란하겠지만, 약 400도 이상 450도까지는 가능한 일이다. 첫 솥 온도가 좀 낮으면 완성된 차를 우렸을 때 떨떠름한 잔맛이 입에 오래 남게 된다. 뜨거운 차솥에 될 수 있는 한 빨리 찻잎을 익혀야 차의 기운과 맛 그리고 향이 그대로 살게 된다.

첫 솥의 작용이 그만큼 중요하다. 차솥의 바닥이 전체적으로 골고루 같은 온도가 되도록 솥이 앉혀져야 한다. 그래야 찻잎을 익힐 때 찻잎이 솥단지 어느 부분에 닿더라도 열이 골고루 찻잎에 전달되기 때문이다.

찻잎을 부었을 때, 차솥 온도가 변하지 않게 해야 한다.
차솥에 찻잎을 부으면 순간 차솥 온도가 뚝 떨어지게 되는데,
솥단지의 열기가 변하지 않도록 하여 차가 불을 충분히 골고루
먹도록 해주는 게 관건이다. 그러려면 복사열을 이용해야 된다.
아주 중요한 부분이다.

찻잎의 냉성 제거는 수제차(手製茶)의 가장 중요한 부분이므로
반드시 온도 변화에 잘 대응하는 기술을 독자적으로 개발할
수밖에 없다. 복사열, 이걸 얻는 게 기술이다. 차솥면 온도가
골고루 같도록 해야 한다. 이것이 관건이다.

첫 번째 묶음

하루 종일 왕시루봉 아래에 여기저기 다니며 찻잎을 땄다.
바구니에 모아 무게를 단다. 차솥에 한 번 디뎌내는 양은
3kg에서 4kg 사이이다. 차솥에 불을 넣어 열을 올리면서 묵은
잎과 잡티를 가려서 적당한 양으로 바구니마다 갈라놓는다.
차솥은 처음부터 센 불로 온도를 올리지 말고 조금 여린
불로 달군다. 서서히 차솥이 달궈지면 이제 불을 세게 올려
온도를 맞춘다. 첫 작업이다.

450도까지 열을 올려 달궈진 솥단지에 차 한 바구니를 탁 털어
쏟는다. 그 고온에도 찻잎은 생생하다. 생차의 싱그러운 향이
쑥 올라오며, 뜨거운 솥단지에서 올라오는 열기에 몸을 깊이
숙이기 힘든 나를 위로한다.

첫 솥에 해야 하는 일은 제살이라고 하는 차 익힘이다.
뜨거운 솥단지 면에 찻잎이 낱낱이 떨어지도록 재빠르게
뒤집고 떨기를 반복해야 한다. 제대로 익지 않은 찻잎 몇
개가 차 맛을 좌우한다. 모든 찻잎이 제대로 익을 수 있도록
익어가는 찻잎의 색과 차가 익으면서 내는 향을 반드시
알고 덖어야 한다.

손으로 재빠르게 찻잎을 저어 잘 떨면서 뒤집어야 한다.
찻잎이 익기 시작하면 찻잎끼리 뭉치기 시작한다.
그래서 낱낱이 털면서 덖어야 한다. 찻잎이 익어가기
시작하면 대여섯 번 더 뒤집으며 털다가 재빨리 꺼낸다.
찻잎이 익을수록 찻잎이 머금고 있던 수분도 그만큼 제거되기
때문에 열에 더욱 약해진다. 탈 위험이 점점 커지기에
솥에서 꺼내는 작업은 재빠르게 순간적으로 해야 한다.

뜨거운 열기가 올라오는 솥단지에 허리를 깊이 구부리고
온 마음을 쏟는다. 팔도 허리도 점점 아파오고 힘들지만
차가 완전히 익을 때까지는 참고 견딜 수밖에 없다.
세상일은 모두 고생이고 고통이다. 그 고통과 인내가
좋은 차를 만든다.

첫 솥에 해야 하는 일은 제살이라고 하는 차 익힘이다.

뜨거운 솥단지 면에 찻잎이 낱낱이 떨어지도록 뒤집고 털기를 빠르게 해야 한다.

비비기

첫 덖음은 아주 고온으로 차의 냉성을 제살시키는 것을 주목적으로 한다. 아주 뜨겁게 달궈 익혀 낸 찻잎을 꺼내 잎이 뜨거울 때 아주 세게 비빈다. 온힘을 기울여 비벼주어야 찻물이 맑다. 그리고 차가 잘 우러난다.
덕석에 깔린 깨끗한 천 위에 높은 열을 먹인 찻잎을 놓고 힘껏 비빈다. 찻잎이 불을 아주 잘 먹으면 잎을 비빌 때 차르르르 잘 감긴다. 꼭 인절미에 콩가루 입혀 굴릴 때 손바닥에 느껴지는 감각과 비슷하다. 하지만 불을 덜 먹어 찻잎이 제대로 안 익으면 찻잎이 뭉개지고 질척거리고 미끄덩거리며 수분이 나오는 게 느껴진다.

첫 덖음에 세게 비비는 건 이파리의 얇은 유리막을 깨뜨려야 하기 때문이다. 그래서 익어 부풀어 오른 찻잎을 세게 비벼 세포막을 열어 준다. 이런 미세한 작용이 차맛을 높인다.
더러는 차를 빨래하듯 비비며 짓이긴다고 비판하는 말도 있다. 하지만 찻잎은 불에 잘 익으면 잎맥이 강해져 잘 찢어지지 않는다. 차를 덖어보면 안다. 그런 건 경험자만 느끼는 묘한 체험인데, 말이나 글로 이리 설명하는 게 어떤지는 모르겠다.

이제 새순이 올라오겠지. 한 지인이 올해는 차를 이곳저곳에서 덖으면 어떻겠냐며 안부를 묻는다. 욕심은 금물이다. 한순간도 제대로 집중하지 못하면 좋은 차 얻기는 그르게 된다.

01 법제 — 아홉 번 덖기

찻잎 식히기

찻잎을 잘 비벼 뜨거울 때 얼른 낱낱이 떨어 식힌다.
넓은 평상에 널어 얼른 식혀야 차의 감칠맛이 더해진다.
찻잎이 뜨거울 때 떨어야 잎이 하나하나 잘 떨린다.
식으면 엉겨서 뭉쳐진다. 찻잎에서 나온 탄수화물이
끈적거리기 때문이다. 그래서 이파리가 뭉친다.
그러니 뜨거울 때 얼른 떨어야 한다.

지리산에는 대나무가 많이 난다. 지리산의 정기를 받고 자란
대나무를 엮어 평상을 만든다. 바람구멍이 숭숭 뚫려 통풍이
잘 되게 만든다. 평상 위에 얇은 천을 깔고 그 위에 찻잎을 널어
식힌다. 그러면 빨리 식는다. 차는 성질이 차가워서 그런지
찻잎은 금방 다시 살아난다. 그걸 보고 있노라면 차의 생명력이
얼마나 강한지를 느낀다. 정말 언제 뜨거운 불에 덖였나 싶다.

차의 이런 성품을 족히 알아내셨을 역대 조사님들의 가르침을
다시 한 번 깊이 되새긴다. 차의 이런 성정을 받아들여 수행의
에너지로 쓰기를 권하셨던 듯하다. 차는 묘한 작용을 이끄는
힘이 있다. 차를 사랑해보면 안다.

두 번째 묶음

두 번째 차솥으로 여행해 보자. 차의 생명력은 무서울 정도다.
첫 불이 무서우리만큼 뜨거워 제살이 다 되어 분명 죽었음을
확인했는데도, 향내가 분명 두 손 들었다고 말했는데도,
솥에서 꺼내 거칠고 세게 디뎠는데도, 차가운 바람을 쏘여
식혀주면 금세 되살아난다.

그래서 두 번째 덖음에서 당연히 한 번 더 제살시킨다.
첫 번째 덖음에서 미처 덜 덖인 찻잎을 익혀주는 한편 완전
제살시키는 것이다. 그러니 차솥 온도도 첫 솥과 다름없다.
첫 솥에 그렇게 달궜는데도 요놈은 먹통도 큰지 여전히 불을
잘 먹고 있다. 첫 불에 쭉 먹통 키워 놓은 것만큼 먹으니
말이다. 한 번 뱉어내고 불을 먹고, 또 뱉어내고 불을 먹어댄다.
차 맛내기가 불 먹임에 달려 있다. 한 순간이라도 원칙을
어기면 차 맛이 떨어진다.

첫 솥에는 잎이 살아서 지들이 알아서 뒤집어 누웠는데,
두 번째 솥에는 잎이 축 쳐지며 무겁게 달려들며 덤빈다.
찻잎에 물 기운이 가득하기 때문이다.
찻잎이 탈까 계속 흔들며 떨어 뒤집는다.
솥단지는 뜨겁고 팔은 무겁다. 차와의 한판 싸움이다.
표현이 거칠다고 나무라도 달리 형용할 문자가 없다.
윙윙거리며 아궁이에선 불기운이 세상을 다 삼킬 듯 소용돌이
바람소리가 난다. 두려움마저 느낀다. 허리가 끊어진다.
끊어진 허리 사이로 차의 향내가 깊이 스며든다.

불 먹임

두 번째 솥에서도 다시 한 번 차를 완전하게 익혀준다.
제살시켜 골고루 찻잎이 익어야 차를 우렸을 때 맛이
잘 어우러진다. 강함이 부드러움을 제압하는 건 아마도
차 맛일 게다. 제대로 잘 익은 찻잎을 빠르게 꺼내야 한다.
이미 불을 제대로 먹어놓으면 불을 감당하는 힘이 없어진다.
순간에 찻잎이 탈 수 있으니 꺼낼 땐 바로 꺼내는 게 옳다.

첫 번째 작업 때 먹은 불 양으로 두 번째 불이 결정된다.
그러니 찻잎에 먹이는 불의 정도는 첫 불이다.
처음이란 우리의 살아가는 삶속에서 행로가 결정되는
순간이다. 그 첫 경험을 토대로 두 번째 불을 먹인다.
그럼에도 기억은 제멋대로이지 싶다. 잘 안 되는 게 맞겠지만,
두 번째부턴 찻잎이 먹어대는 불의 양을 가늠해야 하는 감각이
살아나야 되는 거다. 차와 친하게 지내야 하는 거다.

두 번째 비비기

고온의 솥에서 찻잎을 낱낱이 떨어주며 덖어 불을 충분히 먹인 다음 재빨리 꺼내서 식기 전에 세게 비벼 털어야 한다. 식으면 찻잎에 함유된 탄수화물 때문에 이파리가 엉겨 붙어 잘 안 털어진다. 낱낱이 털어야 그 다음 솥에서 낱낱이 떨어져 불을 직접 먹을 수 있다. 그래야 차가 지닌 냉성이 제거된다.

두 번째 솥에서 열기를 충분히 먹고 나면 얼른 꺼내 힘껏 둥글게 비벼 대는데, 손바닥 느낌으로 안까지 비벼지는 걸 잘 확인해야 한다. 이 비비기 과정에서 찻잎의 모양이 결정되고 두 번째 불 먹이기가 확인된다. 그렇기 때문에 두 번째 비비기를 정말 감각적으로 해야 한다. 두 번째 비비기에서 찻잎의 유리막이 완전히 깨진다. 그 깨진 세포에 산소가 충분하게 들어가도록 뜨거울 때 얼른 세게 비비고 식기 전에 털어야 한다. 그래야만 차가 아주 참하게 모양도 잘 잡힌다.

불을 충분히 먹지 못한 찻잎은 비빌 때 손에 착 감기지 않고
밀린다. 그러면서 찻잎이 찢어진다. 찻잎이 불을 충분히
먹었는지를 비비면서 알게 된다. 최소한 삼사 년은
차를 덖고 비벼 보아야 익힐 수 있는 일이다.

비비기의 다음 작업이 털기인데, 털기도 뜨거울 때 털어야
낱낱이 잘 털리고 찻잎이 잘 식어 감칠맛이 나게 된다.
낱낱이 찻잎이 털리도록 위에서 흔들어야 찬바람이
차를 식히며 탄력을 만든다. 이 과정이 잘 되어야
그 다음 작업이 원활해진다.
뜨거울 때, 찬바람이 확 감기는 상태를 눈감고 느껴보라.
어떤 느낌인지 아마도 알게 될 것이다.

비비기의 다음 작업이 털기인데, 털기도 뜨거울 때 털어야 낱낱이 잘 털리고
찻잎이 잘 식어 감칠맛이 나게 된다. 낱낱이 찻잎이 털리도록 위에서
흔들어야 찬바람이 차를 식히며 탄력을 만든다.

세 번째 덖음

세 번째 솥에서는 찻잎의 수분을 말린다. 두 번이나 고온에서
덖었지만 아직 남아 있는 수분을 제거해 말리면서 고도로
농축하는 과정이다. 겉으로는 찻잎이 말라보이지만 실제로는
수분이 아직도 많다. 찻잎끼리 엉겨 솥 안에서 찻잎이 뭉텅뭉텅
덩이를 이룬다. 찻잎이 무거워 절로 숨이 가빠진다.

열을 먹이면서 재빠르게 털어야 찻잎이 낱낱이 털린다.
이럴 때 손을 재빠르게 흔들며 털어야 솥단지 면에 찻잎이
골고루 떨어져 열을 먹게 되어 차가 잘 마른다.
차가 열을 먹으면 하얀 수증기도 간격을 두고 뿜어 나온다.

세 번째 솥은 첫 번째와 두 번째에서 받은 열기로 인해
솥은 거의 열기가 동일하다. 다만, 불은 조금 조절한다.
겉으로 보이는 찻잎의 모습으로는 열기를 감당 못할 듯하지만,
정작 열은 이때부터 잘 먹는다.

생엽을 숨죽이는 단계와 찻잎의 불 먹임 단계가 살짝 다른
듯하다. 찻잎의 냉성이 이때부터 계속 제살되는 것으로 보인다.
숨을 죽이는 것과 제살하는 과정은 정말 다르다는 걸 알게 하는
과정이다. 이런저런 여론이 분분하지만 차를 덖으면서 체험해
보니, 차는 뜨거운 열기를 먹이면 먹이는 대로 지독한 냉기를
내뿜는 걸 알게 된다. 차 법제는 고통을 인내하는 인욕(忍辱)
수행이다.

찻잎 꺼내기

세 번째 덖음에서 불 먹임을 제대로 하면 잘 익은 구수하고
맛있는 향이 진동하는데 그 순간 찻잎을 재빠르게 꺼낸다.
세 번째 솥단지에서 맛있는 향이 올라오는 건 찻잎에 함유된
탄수화물과 수분이 뜨거운 불에 농축되면서 타닌 등
각종 유익한 성분이 고온에 화학변화를 일으키며 맛과
향이 응집되는 과정이다. 처음엔 약간의 풋내와 독한
냉기와 함께 그런 느낌의 맛이 냄새로 전해지는데,
이걸 빨리 알아차려야 차를 법제한다.

찻잎이 타지 않도록 낱낱이 털면서 불 먹임을 해야 한다.
찻잎에 서서히 불을 먹이면 변화가 생긴다. 이렇게 차가
익어가는 걸 알면 차란 놈이 불을 얼마나 탐하는지 알게 된다.
끝없이 불을 먹다가 어느 순간에 탁 숨이 죽으면서 약간
찰기가 느껴지게 차가 엉기는데 이때가 차를 꺼낼 때이다.
모두 때가 있는 법이다. 차도 불을 잘 먹여야 꺼낼 수 있다.
그걸 제 때 알아차려야 한다. 그때까지 견뎌내는 허리가
신통하다.

세 번째 비비기

제대로 열을 먹은 찻잎을 잽싸게 꺼내어 덕석에 쏟아 붓고
힘차게 비빈다. 한껏 먹은 열로 찻잎은 좌르르 좌르르르 스스로
알아서 구르는 것처럼 잘도 비벼진다. 꼭 인절미를 굴리는 듯
약간 쫀득한 느낌이 손바닥을 통해 전해진다.

찻잎이 식기 전에 얼른 털어야 한다. 조금이라도 늦어져
찻잎이 식으면 이파리끼리 꽁꽁 뭉쳐져 잘 털어지질 않는다.
뜨거울 때 얼른 털어야 찻잎이 낱낱이 털린다. 대나무 평상에
깔아놓은 흰 천 위에 낱낱이 털면서 널어 열기를 식힌다.

뜨겁던 차가 찬 공기를 만나면서 향이 참 맛있다.
아주 달달하다. 그러면서 찻잎 모양도 아주 차분하다.
찻잎에 아직 수분이 많이 남아 있고, 앞으로도 여러 차례
불 먹임이 남아 있지만 찻잎의 모양도 어느 정도 잡혀 간다.

손이 정말 즐겁다. 이 맛에 찻일을 한다. 찰찰하니 찻잎이
모양도 갖춰지고 향도 달달해지니 힘들었던 내 몸도 또다시
기운이 나고 회복된다. 차의 위로를 받는 거다.

네 번째 묶음

차가 내놓는 독한 성질을 뜨거운 열로 제거하며 찻잎의 수분을 날린다. 세 번째 비벼 얼른 식힌 차를 다시 대바구니에 담는다. 널어놓은 차를 바구니에 담으면서 손에 쥐어보면 많이 마른 듯하다. 하지만 다시 열기를 받으면 수분이 남아 눅눅해지며 물기가 가득하다. 참 묘한 일이다.

불이나 열에 닿으면 말라야 하는데, 찻잎이 좀 마른 듯해도 불을 먹으면 다시 축축해진다. 찻잎의 표면은 말랐지만 찻잎 속은 아직 마르지 않았기 때문에 그런 거다. 왜 아홉 번을 덖느냐고 사람들이 묻는다. 차는 아홉 번 덖어야 찻잎 속까지 익고 마르기 때문이라고 답한다. 이 부분이 중요하다. 찻잎의 겉만 익히고 말리면 떫고 쓴맛이 올라온다. 찻잎을 잘 익히고 말려야 제대로 차를 법제할 수 있다. 참 신묘한 일이다.

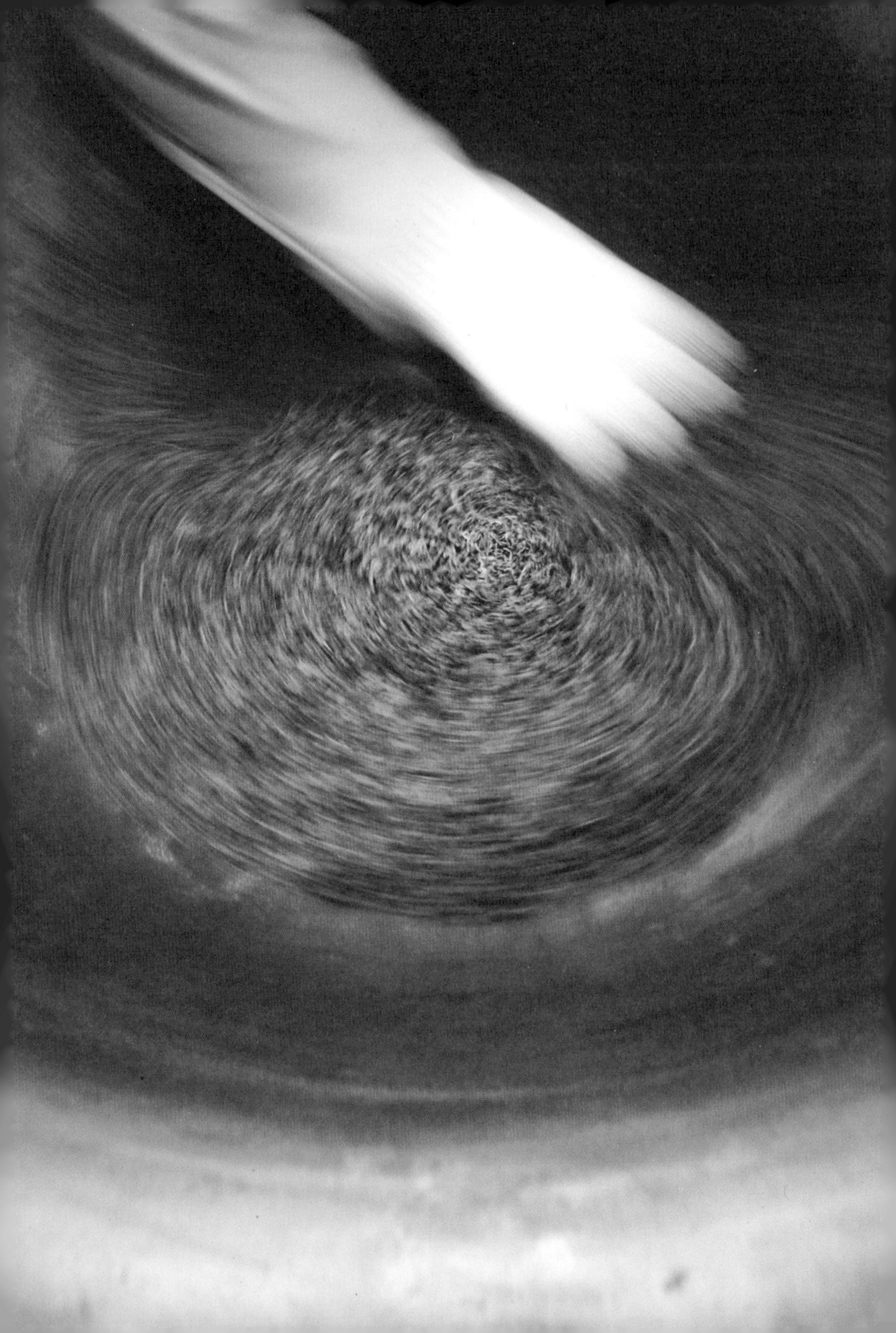

네 번째 솥은 불을 살짝 줄인다. 그렇다고 온도가 많이
뚝 떨어지는 건 아니다. 차솥은 바닥이 무척 두껍기 때문에
열기를 품고 있다. 기본적인 열이 올라 있는 상태다.
다만 찻잎의 수분이 많이 마르다 보니 외부에서 가해지는
열의 양을 줄이는 것이다.

네 번째 솥에서는 이제 맛있는 향이 마구 올라온다.
그만큼 수분이 줄고 있다는 뜻이다. 풋풋한 생향이 진하면
찻잎에 수분이 많다는 거다. 수분이 좀처럼 줄지 않는 건
찻잎의 생명력 때문인데, 생명력이 강한 찻잎은 좀처럼
자신을 내려놓지를 않는다.

한참 뒤적이며 찬바람 넣어주면서 찻잎을 솥면에 흔들며
털어주다 보면 어느 순간에 찻잎의 색이 점점 진한 녹색으로
바뀌는 게 확연히 보인다. 향도 맛있어진다. 그러면서 찻잎이
구슬구슬해지는 느낌이 장갑을 다섯 개나 낀 손에도 전해진다.
두어 차례 더 뒤섞다가 얼른 꺼내 살짝 비벼 털어주면 된다.
이때가 차 맛을 결정하는 순간이다.

네 번째 덖음을 마치고 나서 찻잎을 비빌지 비빈다면 어느 정도
비빌지는 찻잎의 상태에 따라 결정된다. 새순을 땄을 때는
찻잎의 크기도 작고 대체로 고르기 때문에 세 번 덖을 때까지만
비비는 것이 보통이다. 잎이 어느 정도 자란 뒤에는 찻잎이
큰 것과 작은 것이 뒤섞여 있기 때문에 네 번째 덖고 난 뒤에도
비벼야 할 때도 있다. 찻잎을 비비는 것은 찻잎의 유리막을
깨서 열을 골고루 먹이고, 찻잎의 모양을 만들고 솜털을
털어내는 과정이다. 몇 차례나 찻잎을 비벼야 할지는
그때그때 찻잎의 상태를 보고 법제자가 결정해야 한다.

대나무 평상에 천을 깔고 그 위에 찻잎을 털 듯이 널어 다시
한 번 열을 식힌다. 시원한 밤바람에 열기가 빠르게 빠져나간다.

차는 그야말로 예술이다. 사람의 손끝에서 맛과 향이
더해지고 모양이 잡히니 말이다. 차는 고통의 순간을
견뎌내는 작업이기도 하다. 차 덖듯 나도 달달 덖으면
아홉 번 덖음차처럼 단맛 나는 수행자가 될까?

다섯 번째 덖음

찻잎의 모양이 서서히 만들어지며 차의 독한 향과 더불어
차가운 성질도 날리는 단계이다. 네 번째 솥에 불 먹여
대나무 평상에 널어놓은 차는 이젠 거의 반은 말라서 데쳐놓은
고사리 나물처럼 버석거릴 정도다. 다섯 번째 솥에 거칠게
성근 차를 반쯤 불을 줄인 차솥에 붓고 슬슬 불을 먹인다.
불을 먹은 찻잎은 또다시 눅눅해지면서 물기가 70% 정도
마른 듯한 느낌을 준다.

솥에서는 물기가 마르면서 향기가 올라오는데, 처음에는
용정차와 비슷한 향이 올라온다. 불기를 조금 더 먹으면
차의 독하고 강한 냄새가 난다. 마치 오래 묵은 담배 전내
같은 독한 냄새다. 어떨 때는 네 번째 덖을 때부터 이 담배
전내가 나기도 한다. 처음 한두 번 덖을 때는 좋은 냄새가 난다.
싱그러운 향이 나기도 하고, 구수하고 맛있는 향이 나기도
한다. 하지만 찻잎이 열을 어느 정도 먹으면 이제부터는
냄새가 고약해진다. 머금고 있던 독성을 내뿜는 것이리라.
차가 불을 제대로 먹어서 지게 되면 독하고 고약한 냄새가
난다. 마치 우리가 고통을 이겨내는 동안 입에서 단내가 가는
것처럼 차도 그런 듯하다. 이 독한 냄새를 날리고 날려서
은근하고 구수한 향이 올라오면 찻잎을 솥에서 꺼낸다.
다시 대나무 평상에 한지를 깔고 털 듯이 널어 열기를 식힌다.

다섯 번째 솥에서는 찻잎의 모양이 더 응결되어 찻잎에
함유되어 있는 물기가 많이 날아가는 듯하다.
솥의 온도가 많이 떨어져서 찻잎 말리기가 정말 지루하지만,
이 다섯 번 째 작업은 참으로 난해한 점이 있다.
온도 설정이 관건인데, 찻잎에 열이 알맞게 전달되어야
하니 그렇다. 하지만 한편으로 정말 재미나는 작업이다.
허리는 이미 기억도 없다. 아파서 굳어진 지 오래다.
차는 불을 통해 탄생한 인류 최고의 문화다.
어떻게든 열을 가해야 무엇으로든 태어난다.
물론 아홉 번 덖음차도 그렇다.

다섯 번째 솥단지에서는 차가 품고 있는 향 가운데 좀 풋풋하고
민트향 아주 미약하게 나는 철관음 향이 살짝살짝 드러나기도
하는데, 이 과정이 지나야 향이 깊어진다. 차 수행을 하시던
역대 선사들이 남긴 시를 살펴보면, 차향을 진향(眞香)으로
표현하셨다. 나의 개인적 견해로는 차가 낼 수 있는 온갖 향을
한데 모두 모은 걸 진향이라 하지 않을까 싶다.

차를 법제하는 중에 제일 조심하고 세심하게 다루어야 하는 일이 불의 조절이다. 이것은 차가 원하는 만큼 불을 먹이는 것이다. 수도 없는 강조와 강조를 거듭하면서 또 다시 한 번 강하게 말하자면, 차가 제대로 불을 먹어야 제 모습을 오롯이 드러낸다.

다섯 번째 솥은 찻잎의 모양이 차츰 잡히기 시작하는 때이다. 수분이 상당히 줄어들어 솥바닥에 찻잎 떨어지며 어설픈 사락사락 소리를 내며 익어가는 때이기도 하다. 차는 드러난 만큼의 맛과 향을 낸다. 그 일은 불 먹임의 양과도 일치한다. 우리의 삶도 적당한 고통과 기쁨이 서로 어우러져야 하는 것처럼 말이다.

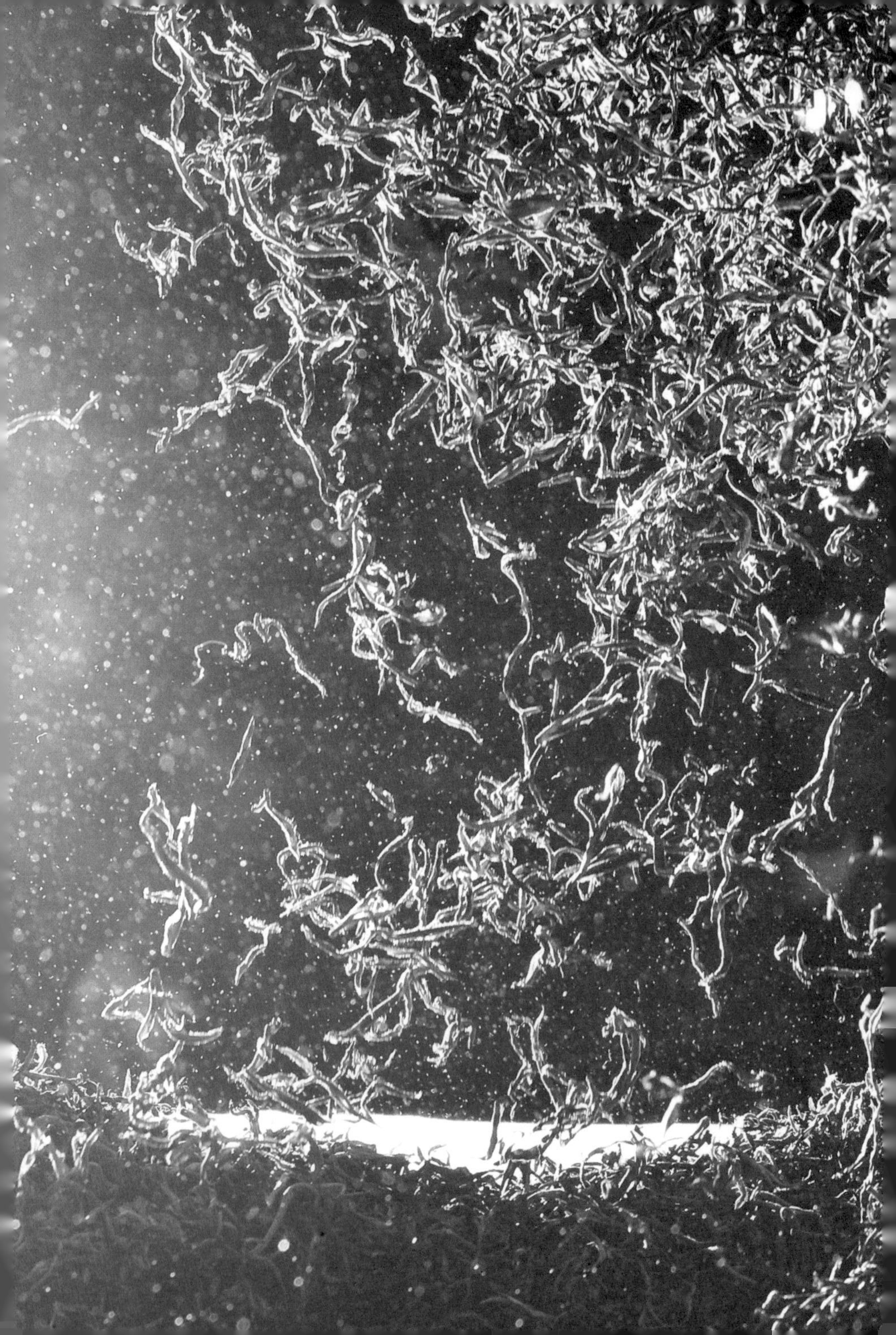

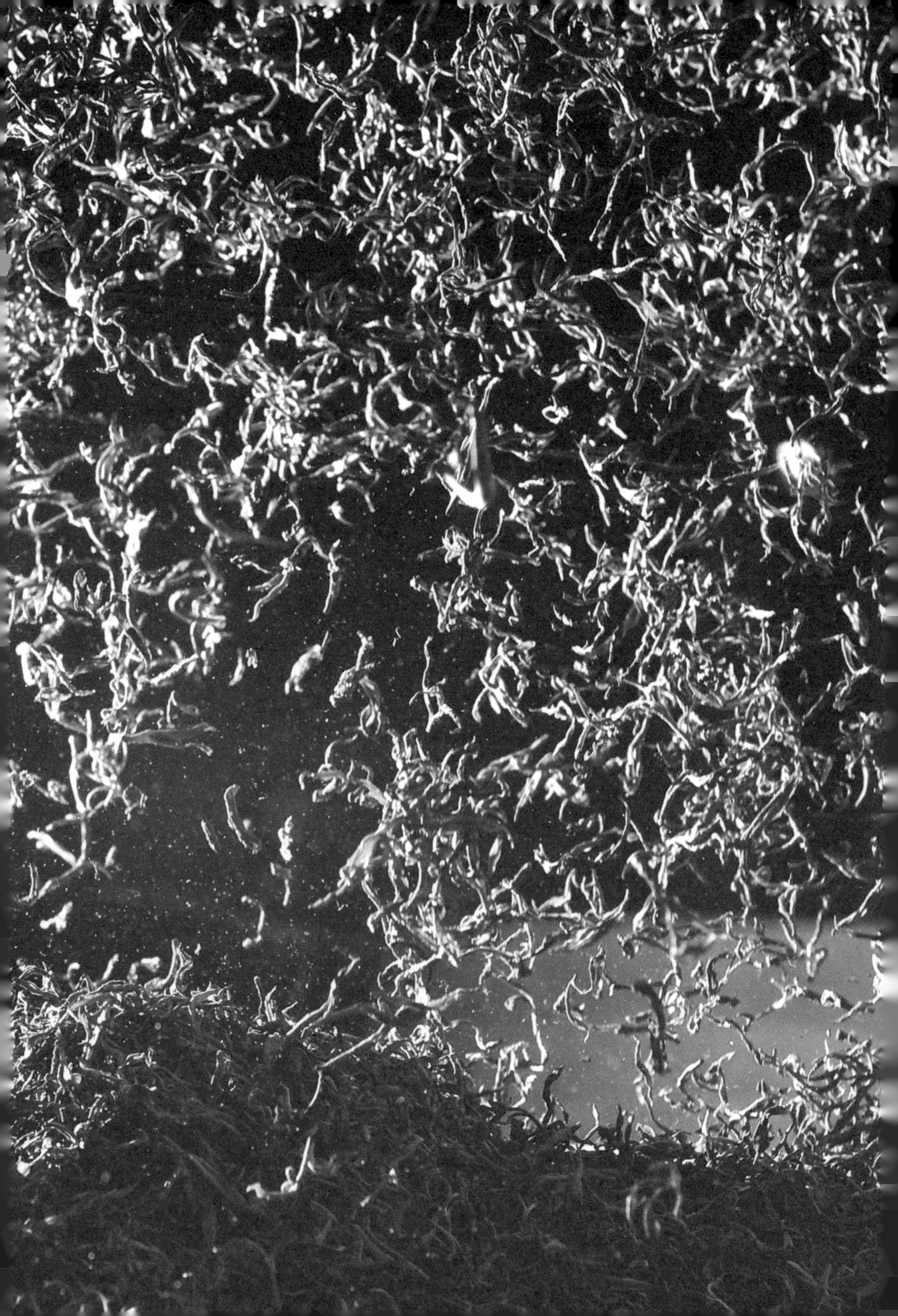

여섯 번째 덖음

여섯 번째 솥에서 찻잎에 함유된 수분이 많이 날아가고
차의 떫은맛이 많이 제거된다. 찻잎을 다섯 번 덖어내어
고슬고슬해진 찻잎이 찬바람을 만나 더욱 수분이 날아가 많이
마른 듯하다. 하지만 차솥에 쏟아 부어 불을 먹이기 시작하면
곧 누글누글해진다. 언제 그랬냐는 듯 수분을 머금고 있다.
찻잎의 촉감이 부드럽게 변하면서 무게도 많이 줄어들고
모양새도 좀 갖추게 된다.

아직도 독성이 덜 제거되어 처음에는 독한 냄새가 난다.
불을 제대로 먹으면 용정차 향이 난다. 뒤집는 손길에
서그럭 서그럭 소리가 나는 때가 바구니에 건져낼 때이다.

하지만 첫 솥에 워낙 많은 불을 먹여서 그런지 웬만한
불로는 별 변화가 없다. 찻잎은 많이 말랐지만 여전히 불을
원하고 있었다. 하지만 불은 조금씩 약하게 줄인다. 시간이
점점 길어진다. 차솥의 변화가 점점 미세해진다. 그 변화를
잡아내기는 더더욱 어려워진다. 신경이 바짝 곤두선다. 뒤집는
손길이 어쩌다 조금이라도 늦어지면 터덕거리며 찻잎 타는
소리가 들린다. 소리가 냄새보다 빠르다는 걸 배운 기회였다.

불을 잘 먹은 찻잎을 재빠르게 바구니에 옮겨 담는다.
이번에는 대나무 평상 위에 고운 한지를 깔았다.
그 위에 부드럽게 펼쳐 다시 열기를 식힌다.
차가 제법 모양이 잡혀가고 있다.

찻잎을 다섯 번 덖어내어 고슬고슬해진 찻잎이
찬바람을 만나 더욱 수분이 날아가 많이 마른 듯하다.
하지만 차솥에 쏟아 부어 불을 먹이기 시작하면 곧 누글누글해진다.
언제 그랬냐는 듯 수분을 머금고 있다.

일곱 번째 덖음

찻잎의 좋은 성분이 농축되고 수분이 많이 제거된 찻잎이
솥면에 닿으면 마치 곡식 낱알 떨어지는 것처럼 사그락 거리기
시작한다. 조금은 부서질 듯 성긴 찻잎은 바람에 잘 마른
듯해도 차솥에 넣고 슬슬 열을 먹이면 곧 누그러진다.
기다리지 못하고 조급해져서 손안에 쥐려하면 찻잎이
부러지기도 하는 때다. 서서히 돌리면서 아래위로 뒤적이며
불을 먹이기 시작하면 차는 곧 수분기가 오르면서 장마철
물기를 조금 먹은 모시옷처럼 부드러워진다.

한참 차를 털어가며 뒤적이며 돌려주면 솜털이 뿌옇게 천장을
향해 날아오르기 시작한다. 그러면 열을 먹기 시작했다는 거다.
솜털이 어찌나 많은지 머리와 눈썹에 하얗게 눈처럼 쌓인다.
흰 눈썹, 백미(白眉)가 된다. 이 먼지가 피부에 닿으면 껄끄럽고
간지럽기도 하다. 알레르기가 있는 분들에게는 곤혹스런
일이다.

한번은 차가 궁금해서 미국에서 찾아온 사람이 있었다.
한국의 최고급 차인 우전은 먼지 같은 게 찻잔에 뜨던데
아홉 번 덖음차에는 왜 그런 게 없느냐며 궁금해 했다.
그건 이렇게 여러 차례 불을 먹이면서 차의 솜털을 다 날렸기
때문이다. 여덟 번째 작업이 이 하얀 먼지 세상을 만든다.
찻잎을 두 손으로 들어 돌려 뿌리면 찻잎의 모양도 곱게 되고,
불도 먹이게 되고, 독한 향도 모두 날려 버린다.
곧 구수한 차향이 나기 시작한다. 사그락 거리는
소리가 들리면 한지를 깐 바구니에 얼른 덜어낸다.

여덟 번째 묶음

찻잎에 손도 못 대도록 뜨거운 열을 먹인다. 햅쌀로 밥을 지어 뜸 들 때 나는 냄새를 기다린다. 이제 찻잎의 모양이 완전히 잡힌다. 솥에서 덖을 때 차르르 차르르 소리가 난다.

밤새 여덟 번이나 뜨거운 솥에서 덖어낸 찻잎을 이제 잠재운다. 뜨거운 방바닥에 고운 한지를 깔고 그 위에 찻잎을 죽 널어놓은 다음 다시 한지로 덮어 잠을 재운다. 아기를 재우듯 차를 재운다. 갓난아기는 한숨의 잠만으로도 금세 자란다. 그처럼 찻잎이 잠을 자는 사이 또 다른 변화가 일어난다.

뜨거운 솥에 여러 차례 덖고 비볐고, 싸라락싸라락 소리를 내며 차솥에 떨어지게 모양을 보면 찻잎이 완전히 마른 것 같다. 그런데도 자고 있는 찻잎에 슬쩍 손을 넣어보면 약간의 축축함이 느껴진다. 이걸 보면 한꺼번에 수분을 완전히 제거하는 것은 어려운 듯하다. 그래서 차를 잠재워 뜸을 들이는 것이다. 차도 이럴진대 누군들 익어가는 과정이 없겠는가. 잘 익어야 모든 게 깊어진다.

차를 덖고 비비는 동안 날이 새고 있다. 새벽 4시 35분. 하얗게 밤을 지새우고 하늘을 올려다보니 손톱 같은 달이 떠 있다. 놀랍도록 가깝다. 다시 보아도 역시나 손톱 같은 달은 가깝다. 밤새 이렇게 별과 달과 더불어 두런거리며 차를 덖고 비볐구나. 더 바랄 게 뭐가 있으랴

아기를 재우듯 차를 재운다. 갓난아기는 한숨의 잠만으로도 금세 자란다.
그처럼 찻잎이 잠을 자는 사이 또 다른 변화가 일어난다.

아홉 번째 묶음

사흘 동안 뜨거운 방에서 잘 재운 찻잎에 마무리로 불을 먹인다. 이 마지막 덖음을 '맛내기' 또는 '향잡기'라고 부른다. 차에 뜸을 들이는 것이다.

예전 어렸을 적 햅쌀로 밥을 짓는 건 집안의 큰일이었다. 해마다 한 번 가을걷이를 마치고 난 다음 햅쌀을 방아로 찧어 밥을 지었다. 아궁이에 불 지펴 무쇠솥에 밥을 짓는데 솥뚜껑 언저리에 끓는 거품이 보이면 아궁이 불을 껐다. 조금 있다가 불을 한소끔 지핀다. 턱을 두 손으로 받치고 햅쌀밥을 기다리다가 물었다. 불을 끄더니 왜 또 불을 지피는 것이냐고. 뜸을 푹 들여야 밥맛이 드는 거야. 모친이 하신 이 한마디가 큰 울림이 되는 때이다.

뜸 들이는 것, 그걸 일러 숙성이라고 한다. 차 비비는 일에도 숙성이 필요하다. 기다림의 미학인 셈이다. 설레임 반, 아쉬움 반, 어떤 맛과 향내를 내줄 건지. 차는 뜸이 잘 들어야 한다. 어떤 차라도 반드시 거쳐야 하는 통과의례인 거다. 특히나 아홉 번 덖음차는 차가 원하는 만큼 끝까지 불을 먹이는 데 그 기본이 있다. 원하는 만큼 충분히 불을 먹은 찻잎이 뜸 드는 과정을 거쳐야 맛도 향도 색도 기운도 만들어진다.

아홉 번 덖음차는 차가 원하는 만큼 끝까지 불을 먹이는 데 그 기본이 있다.
원하는 만큼 충분히 불을 먹은 찻잎이 뜸 드는 과정을 거쳐야
맛도 향도 색도 기운도 만들어진다.

맛 들이기

무심한 게 차다. 날은 정말 더운데 하늘은 높고 나뭇잎의 색깔은 짙어 때를 알기 참 어렵다. 차는 왜 이런 때 맛 들이기를 하는 걸까! 무슨 말일까 싶을 거다. 아홉 번 덖음차를 만들다 보면, 햇차일 때보다는 장마철 지나 찬바람이 일기 시작하면서 차가 슬슬 제 모습을 드러내는 걸 알게 되었다. 불을 실컷 먹어 차에 성분변화가 일어나며 농익은 향과 함께 진미가 배어든다.

우리네는 좀 덥고 힘들어지니 슬슬 심사가 뒤틀리려 하는데, 차는 어찌 이리 무심히 잠만 잘 수 있는가. 무심타 무심해. 나는 언제 차를 닮아 무심도인(無心道人)이 되려나.

뜸을 들이는 것은 숙성시키는 것이다. 차를 만드는 데도 숙성이 필요하다.
찻잎을 따서 티를 골라낸 다음 덖고 비비고 재우고, 지금은 뜸을 들이고 있다.
설레임 반, 아쉬움 반. 기다리고 있다.
어떤 맛일까, 어떤 향내가 날까. 두근두근 가슴이 설렌다.

차

茶

차나무와 차

우리나라 차벨트

차는 추위를 싫어한다. 기온이 영하 15도 이하로 내려가
추워지면 새순을 피우지 못하고 가지가 얼어 죽으니까 따뜻한
남녘에서나 산다. 한반도는 지리산이 북풍을 막아주는 병풍
역할을 해주니 대부분 지리산 남단에서 해남 두륜산을 돌아
영암 월출산 아래로 차가 살기 좋은 지리적 여건을 갖추었다.
하여 자연 필수조건으로 차고지가 형성된 것이다.

차는 위도 32도에서 33도 사이에서 자라고 있다.
그래서 경상도와 전라도의 남단과 제주도가 차의 생산지이다.
차는 지구상 식물 중에 차가운 성질을 가장 많이 함유하고
있기 때문에 추위를 싫어하나 보다. 물론, 주위환경에
적응하게 되는 것이 생명활동이니까 변이는 있게 된다.

처음 차를 심을 때 직파라고 하는 방식, 즉 씨를 직접 땅 파고 넣기로 하는데, 겉껍질이 무척 단단하기 때문에 땅의 습기로 움을 트기까지 몇 년이 걸릴 때도 있다. 움튼 차가 잘 자라게 해주려면 바람막이, 즉 울타리를 잠깐 해주는 것도 가능하다. 차를 야생으로 키우면 찻잎 채취까지 여러 해가 걸린다. 잡풀이 우거진 속에 씨를 넣거나 떨어지면 제대로 못 자라고 빌빌거리게 된다. 잡풀에 치여서 그리 된다. 하지만 냉해로부터는 유리한 조건이 되므로 뿌리가 좀 강해지면 아주 건강한 차나무로 자라게 된다.

여건이 갖추어지면 차의 수명이 수백 년이 되므로 그 생명력이 대단하다. 한반도가 점점 따뜻해지므로 요즘은 점점 북쪽으로 차 벨트가 옮겨지고 있다. 하지만 감칠맛 나는 찻잎 생산은 두고 볼 일이다. 차가 더 오래 환경과 온도 적응을 견딘 후에라야 좋은 맛을 얻을 수 있지 싶다. 내 개인적 견해다. 이렇게 한반도의 차는 나고 자라는 여건이 정말 어렵고 특별하다. 차 품종도 단일종으로 소엽종이 주류를 이룬다. 더러 대엽종인 김해 장군차도 있다.

일창이기

찻잎이 뾰족이 올라온다. 날이 점점 따뜻해지니 지리산 천하가
다 새 생명의 향연이다. 차를 만나러 가야 한다. 차를 만나면
첫인사 해야겠다.
방장부절(方長不折)이라지만 채 피기도 전에 부러지는 아픔을
위해 헌시 한 편 올려야 할까 보다. 그럼에도 차 즐기는 이들은
'백아,' '이아,' '움차,' '금아차,' '특우전'의 작은 햇잎을 좋아 한다.

차는 일창이기(一槍二旗)의 새순을 채취해서 아주 고온에 디뎌놔야
고귀한 기운을 얻는다. 일창이기라 함은 이래서이다. 차나무는
사철나무다. 일 년 열두 달 푸른 잎을 달고 산다. 묵은 잎 달린
사이에 움이 하나씩 있는데, 그 움이 봄 되면 눈뜨고 자라서
두 개의 잎이 되고 새잎이 뾰족이 올라 새 줄기를 형성한다.
그런데 그 생긴 모양이 두 개의 깃발을 엇갈려 세우고, 가운데
창을 세워놓은 것 같은 모양을 이뤘다 하여 일창이기라 한다.
새순이 올라와 채취할 때 찻잎이 자란 상태를 설명하는 말이다.

차는 색과 향, 맛에 제일 중요한 기운을 쓰는데, 여러 가지
성분과 효능을 얻는다. 그래서 중요한 일이 찻잎 따는 일과
법제하는 일이다. 겨우내 정말 춥거나 너무 따뜻하면 차의 기운이
사납거나 순해진다. 이제 찬바람이 서서히 부드러워지며 햇살도
따뜻해지기 시작하면 골골마다 온갖 나무와 풀이 새눈을 뜬다.
일 년 차농사가 시작되는 때를 정성을 모아 기다리게 된다.

입하차

겨우내 곁눈을 푹 덮어쓰고 꽁꽁 언 바람과 소복한 눈을 견뎌내고 살아남은 차이기에 우리는 모두 경이로운 마음으로 만남을 기다린다. 향기는 오롯하고 탕색은 비취색, 맛은 감미롭고 사람만이 탐착하는 신묘함. 이런 신묘한 법계를 만나는 일. 그 일을 해마다 첫봄에 만난다. 시린 손끝을 간질이며 파릇한 새 생명을 하나하나 따내는 기쁨은 차를 빚어내는 사람에게만 주는 선물일 거다.

지리산 남쪽으로 섬진강을 사이에 둔 골골마다 일조량도 다르고 바람이 부는 정도도 다르고 온도는 더더욱 다르다. 그 속에 깃들인 차도 다르다. 찻잎을 따는 시기에 따라 차의 품격이 다르다.

세상이 모두 일률적이지 않으니 자연의 조건에 따라
새순이 나는 시기가 각기 다르다. 입하(立夏)를 전후해서
찻잎을 따 만든 차가 '입하차(立夏茶)'다. 그렇지만 그것 또한
기후조건이므로 절대적이지는 않다. 찻잎을 첫 번째 따면
첫차다. 첫차를 따고 사오 일 지나면 그다음 새순이 다른
가지에서 또 올라온다. 그러면 찻잎을 또 따는데,
그걸 '두물차' 또는 '두 번째 잎'이라 한다.

계속해서 그다음 찻잎을 따고나면, 또 어느 정도 날이 지나
새순이 올라오는데, 그때를 만차(晩茶)라 하며 찻잎을 딴다.
입하가 지나고 나면 여름으로 깊이 들어가게 된다.
날이 뜨거워지고 습도 높아지므로 탄소동화작용이 강해진다.
그때가 되면 찻잎이 강해져 덖어내기가 힘들어진다.
이런저런 자연의 이치에 따라 차농사를 짓는다.
아홉 번 덖음차는 입하를 전후한 때에 만드는 입하차이다.

차밭

차나무는 집단포종하지 말아야 되는데, 우리나라에 근래 조성된 차밭은 거의 이렇게 밭을 일궜다. 차는 냉성이 강한 식물이고 사철나무다. 차 씨를 심을 때 차밭 가운데 듬성듬성 커다란 침엽수를 몇 그루 두면 바람을 막아주고 차광막도 한다. 차나무는 뿌리만 내리게 되면 환경에 적응해 아주 잘 자란다. 차가 한 자 정도 자라면 차밭 가운데의 나무는 베어주는 게 좋다. 어릴 때는 한파를 견뎌내라고 바람막이 삼아 나무를 심지만 어느 정도 자라면 바람막이는 없는 게 좋다.
이렇게 하면 소엽종인 우리나라 차나무가 갖는 감칠맛 나는 기운 가득한 차로 자라난다. 한데, 이렇게 집단포종하여 줄 맞춰 키우면 차나무 사이로 바람길이 막혀 차가 건강하질 못하다. 이런 건 기계채취용이다.

지형적으로 경사도가 심한 산비탈에 차씨를 심은 것은 야생으로 키우는 농법을 택하고 싶은 듯한데, 그러면 일렬로 심지 말고 한 자 반 정도 사이를 띄어 심으면 바람이 이리저리 잘 통해 매우 좋은 차를 얻을 수 있다. 차밭만 봐도 차농사가 어느 정도인지 알 수 있다.

오늘 지리산에 차솥단지 얹히려고 내려갔다가 차밭 위로 파도같이 일렁거리는 아지랑이 비슷한 기운의 파도를 보았다. 봄이다. 봄의 차밭이랑에서나 경험할 수 있는 자연의 향연을 온몸으로 느낀다. 사랑을 배운다. 햇살과 바람과 대지의 사랑이 차나무 잎사귀 위로 수없이 쏟아진다. 감사한 충격이다.

찻잎 따기

찻잎 따는 일은 사랑이다. 봄날은 날씨가 수시로 변덕을
부린다. 지리산이 너무 높아 기온차가 심하고, 흐르는 구름도
걸려버린다. 수시로 비가 내리면 기온도 오르락내리락 알 수가
없다. 그러나 하룻밤만 지나도 차순은 쏘옥 올라온다.
비가 내리면 하루를 건너뛰며 쉰다.
그러면 찻잎은 몰라보게 자라 있다.

꼭 알맞게 찻잎을 따는 일은 정말로 하늘과 땅의 사랑을 받는
거다. 일창이기(一槍二旗), 맘에 딱 드는 그 찻잎. 줄기 끝에
오른 창끝 같은 새순과 찻잎 두 장, 연초록 화장을 하고
싱그러운 생명력을 그대로 느끼게 하는 게 혼을 뺏는다.
차를 디뎌 본 사람은 다 그렇다. 그 차를 만나려고 숨죽이며
기다린다. 찻잎을 손끝으로 꼬집듯 따내는 느낌.
아기 손을 잡듯 조심조심 햇 찻잎 따는 순간을 기다린다.

햇움차

곡우가 다 되어간다. 우전이라는 햇움차가 이제 시작되고 있다. 예전에는 '명전'이라 해서 산중에의 스님들이 겨울안거 잘 지내고 새봄이 오면 무료함을 달래며 신선한 기운도 맛보고, 서로 간 안부도 챙길 겸 동당 서당으로 나누든가 북편 남편으로 나누어 차를 따서 덖어 서로 거량하던 아름다운 불교풍습이 있었다. 곡우 즈음에 따는 차를 일러 우전이라 하는데, 일미(一味)라거나 별미(別味)라고 알지만 햇움차는 으로 마시는 게 맞는 듯하다.

긴 겨울을 나고 온 동네 꽃바람 싱그럽고 새싹이 뾰족이 올라오는 때 상큼한 향이라는 기대감이 그냥 스쳐가지는 않나 보다. 누군가에겐 위로가 되고, 기별이 되고, 사랑이 되듯, 온통 햇움차 안에 차꾼들이 모여들고 있다.

첫차를 아홉 번 덖어 첫손질을 해보았다. 올 겨울이 푸근한 관계로 곡우 훨씬 전부터 햇움차가 싹을 틔웠다. 첫 만남은 늘 설렌다. 다들 기대하고 있으니 더할 것 같다. 이런저런 연유로 좀 힘든 난해한 작업이 될 듯하다. 그래도 또 차와 한바탕 힘 겨루기를 해대고 있다. 지리산의 밤이 깊다.

02 차 — 차나무와 차

야생 찻잎

차를 빚는 것을 '제다(製茶)'라 한다.
하지만 나는 '법제(法製)'라는 표현을 택해서 쓴다.
차를 만드는 일의 주체가 사람이 아닌 차라고 생각하기
때문이다. 그래서 다른 표현을 사용하는 것이다.

차를 덖어내는 이들은 찻잎의 중요성을 너무나 잘 안다.
차는 바위틈에서 자란 것을 제일로 친다.
그것도 산비탈처럼 경사가 급한 곳 말이다.

맛깔난 차.
기운이 꽉 찬 차.
향이 은은하게 그윽한 차.

이런 차들은 대부분 위에서 말한 그런 환경에서 자란 놈이라야 하는 거다. 사람은 거친 곳에서 힘들게 자라면 반항심, 부정적 사고, 거친 행동으로 주위를 불편하게 하는데, 차란 놈은 이런 곳에 자라야 독특한 성정을 갖추다니 참 기기묘묘하다. 뇌세포에 입력된 사고로 이해해 보려 안간힘 쓰지만 자연의 섭리라는 게 숭엄하다.

봄에다 휴일이면 다들 한가로이 노닐기를 탐하지만, 지리산 골골마다 산등성이마다 삼삼오오 무리 지어 찻잎 따기 바쁘다. 느지막히 일어나 게으른 하품을 하다 보면 어느덧 새참 때가 된다. 윗골 아지매, 큰마당집 아지매, 서로 부르며 허리 펴라고 목 축이라며 살핀다. 사람 사는 모습이고 차가 익어가는 모습이다.

차는 넉넉한 품이다.
구름 그리고 바람, 그 속에 동백이 한데 어우러져 따뜻한 봄소식을 전한다.
살갗이 싸늘하도록 파고드는 차가움이 더욱 몸을 움츠러들게 하지만,
이렇게 다 모여 손수건 한 장 바닥에 펼치고
동백가지 하나 걸쳐놓으니 바로 청산도이다.
그 바다 한가운데 묻혀 맑은 향을 만나니 바로 선경(仙境)이었다.

더위 나기

차는 지상의 식물 중에 차가운 성질이 가장 크다고 한다.
우리의 몸은 어찌된 연유인지 36.5도라는 따뜻한 온도를
지니고 태어나 살아가면서 점점 체온이 떨어진단다.
그래서 너무 찬 음식이나 음료는 꺼려한다.

이 무더운 날에 차가운 성정을 지닌 차 한 잔 우리면서 땀 한번
시원하게 내고나면 살살 불어오는 바람이 오히려 시원해지는
걸 알게 된다. 한번 경험해 보라. 뜨거움으로 더위를 쫓는다는
옛 어른들의 지혜를 닮아가는 시간이 시원한 바람 만드는
기계에 의존하는 것보다 건강을 더 잘 지키는 일이다.

시간

차는 시간이다. 시간이 만들어내는 인연이다.
오랫동안 차인의 손길을 만나 마음을 우려낸 동무다.
만나는 순간 오래 묵은 사이가 좋다. 차는 이렇게 오래 묵은
인연을 길러내는 세상이다. 차 안에는 속절없는 시간이 녹아
있고 그걸 우려 마시는 우리가 있다. 사람과 사람 사이에
나누는 따스한 정이 가득 담긴 기물이 그 긴 시간을 품고 있는
걸 마시고, 보고, 만지고 느끼는 것이다. 기나긴 시간의 흔적을,
또 다른 시간 속의 세상을, 차가 안내하는 길 따라 젖어 보는
일, 그 또한 시간이다.

햇살

햇살이 빚어놓은 게 차다. 산허리를 돌아서 산마루로 물러난
비구름을 끝으로 청량한 햇살을 받고 차가 반짝반짝 빛을 발한다.
이러니 사람도 귀신도 좋아할 수밖에.

차는 새로이 시작되는 사랑임을 알게 된다.
딱 모든 감각을 닫고 품에 한가득 담아내는 것이자
품게 될 순간을 위해 기다리는 것이다.

뿌리

환경이 거친 곳에 사는 차가 향도 더 깊고 맛도 부드럽다. 그런 찻잎을 찾자니 자꾸자꾸 높은 산 절벽 사이에 겨우겨우 얹혀 사는 야생 차나무를 찾게 된다. 제대로 된 차맛을 보려면 이리 험한 곳에서 자라는 차나무라야 한다. 비탈진 바위틈에서 겨우 한 줄기 뿌리를 아래로 깊이깊이 내리고 오래오래 버틴 나무일수록 기운도 장(長)하고 향도 깊다.

자라는 걸 돕겠다고 조금이라도 비료나 퇴비를 주면 뿌리가 옆으로 퍼진다. 한 번 옆으로 퍼진 뿌리는 다시는 원래대로 돌아가지 않는다. 성질이 완전히 바뀌는 것이다. 사람과는 참 다르다. 사람은 주변 환경이 험하면 잘 살기 어렵다. 험한 환경에 치어 나빠지기 십상이다. 그러나 차는 다르다. 돕는 것이 오히려 해가 된다. 우리의 일반적인 상식과는 반대되는 현상이다.

마지막

아홉 번 덖음차는 마지막이 더 아름답다.
지는 해가 아름답듯이 차를 다 우려내고 남은 찻잎을 보며
품평하느라고 한 번 더 찻잎을 살펴본다. 아홉 번 덖음차는
찻잎이 그대로이다. 하나도 퍼지지 않았다. 잘 덖고 비비면
끓는 물을 바로 차탕으로 써도 찻잎이 퍼지지 않는다.
이미 생명이 다했음에도 그 마지막 모습까지 아름답다.
참 가지런하다.

일이든 사람이든 시작보다 마지막이 고와야 참으로 아름다운
법이다. 함께 차를 나누어 마시고 남은 찻잎을 보며 나의
마지막도 이렇게 곱기를 바란다.

차밭

차밭 이야기를 할라치면 다들 연녹빛 파노라마가 끝 간 데 없이
펼쳐진 언덕받이 비스듬하고 야트막한 등성이를 연상한다.
하지만 내 경험은 일반적이지 못하다. 커다란 낙엽송이
군데군데 서 있는 선암사 원통전을 옆으로 달마전 앞길을
지나 자리한 차밭이나 운수암 오르는 부도탑 옆 차밭,
그리고 남암 가는 길 옆 차밭, 대각암 오르는 대숲 사이
차밭이 뇌리에 깊이 박혀 있다.

사람들은 차나무라고 하면 다 같은 걸로 생각들 한다.
하지만 야생으로 자연스럽게 살고 있는 차나무와 사람의
손으로 잘 조성해서 무리를 이루고 고랑을 이루며 일군 차밭은
큰 차이가 있다. 차의 성질과 성분에서 많은 차이가 난다.
차솥에서 덖어보면 그 차이를 여실히 알게 된다.
참 미묘한 일이지만 우주를 형성하는 모든 원소의
환경 인연도 그대로 드러난다.

황차

우리나라 차는 소엽종이고 단일종이다. 그러자니 법제에 의한
다양한 차가 나오기가 어렵다. 거의 반은 덖음차 일색이다.
최근 들어 황차라 하여 산화된 차가 나오기 시작하고
좋아하는 이도 늘어나는 것 같다. 아프지만 철저하게 비판도
하고 새로운 모색도 하며 여러 가지 산화방법도 연구하여
차를 만들어야 한다. 한국의 황차는 만들어내는 방법이
용이해서 많은 발전이 있었다.

그러다 보니 새로운 차 문화가 생기게 되었다. 산업적 측면으로
보면 아주 좋은 부분이기도 하다. 농사 지은 차를 어떻게든
소비해야 하니까 말이다. 그렇지만 더 연구하고 실험해야 할
일도 있다. 그래야 세계에 자신 있게 차를 내놓을 수 있으니
말이다. 헌데, 기계가 없던 예전에는 어땠을까 궁금하다.
중국의 보이차는 시간이 갈수록 발효가 깊어져
여러 번 탕제할 수 있다. 또한 맛이나 향도 깊고 숙성되었다.
입안의 느낌이 부드럽다. 우리의 황차는 어떠한가.

전설

차는 전설이다. 태고적부터 지금에 이르기까지 수없는
사람들의 입에서 입으로 역사를 만드는 영물이 몇이나 되던가?
인류문명사의 주역이 되고 마시는 일의 대명사가 되어
단 한 번의 변화도 없이 꿋꿋하게 그 자리를 지키고 있으니
말이다. 이 어스름을 타고 또 하루 전설을 잉태하는 순간
차가 주빈(主賓)이다. 향이 그 향이 아닐 테고, 맛도 색도
다 그럴 것이지만 항상 차가 함께 하고 있다.
찻물이 끓고 있다.

잠꾸러기

차가 이른 봄 햇살을 받고 기지개를 켜고 나온 순간부터 미인인
건 사실이다. 세상 많은 사람들의 관심을 받으니 말이다.
손끝에 감겨 뜨거운 솥 안에 달궈지고는 내내 잠에 빠진다.
비가 내리는 긴 장마철 동안 많은 이들이 햇차를 즐긴다.
하지만 아홉 번 달궈진 차만은 긴 장마철 동안 길고 긴 잠을
자며 꿈을 꾸고 최고의 차가 된다. 나뭇잎을 두드리는 빗소리와
가지 사이를 지나는 바람 소리는 잘 자라는 자장가이다.

아홉 번 덖음차는 그렇게 긴 잠을 자는 잠꾸러기 미인이다.

소화

차꽃의 이름은 소화(素花)다. 하얗게 빛나는 실로 짠 흰 천을 닮은 색이라 그 이름이 소화이다. 차나무는 사철나무라 겨울에도 초록의 잎사귀를 지니고 있다. 그 잎 위에 하얗게 소복이 눈이 쌓인 사이로 흰 차꽃이 노란 꽃술을 한껏 부풀리며 소담하게 핀다.

시리도록 하얀 꽃잎은 너무나 밝은 흰 빛이라 쉽게 손을 대지 못할 만큼 귀하게 생겼다. 그 향까지 은은해서 더욱 고결하다. 시린 바람 속에서 그 흰 빛이 더욱 밝게 빛나고 그 향은 신비롭다. 겨울에만 만날 수 있는 아름다운 꽃이다.

탈속

차는 탈속이다. 오롯이 자신이 얻은 모든 걸 그대로 토해내니 욕심이 없다. 차를 덖을 때 향이 강한 비누로 손을 씻거나 화장을 하거나 냄새가 강한 음식을 먹거나 하는 등의 일을 절대 금해야 한다. 차는 주위에 모든 것을 취하고 그대로 토해 내기 때문이다

차는 너무 맑고 맑아서 주변상황에 그대로 동화되어 그대로 토해 낸다. 그러다 보니 군더더기를 허용하지 않는다. 탈속 그 자체이다. 차를 비빌 때도 불의 과함을 취하면 타 버리고 불이 부족하면 살기가 남아 생차가 되어 버린다. 맛이나 향, 색이 영 달라진다. 차는 그러니 욕심을 꺼린다.

집중

차는 고도의 집중을 필요로 한다. 찻잎을 덖는 솥은 아주
뜨겁다. 뜨거운 열기와 수증기에 얼굴에 화상을 입을 정도다.
반드시 이렇게 해야만 맛깔 난 차를 얻을 수 있다. 어떤 차를
빚을 건가에 따라 차솥의 온도와 몇 번 덖을 건지 정해진다.
차에서 얻을 최상의 진기, 그 에너지를 얻으려면 최선을 다해야
하는 건 당연하다. 육신이 감당하기 어려울 정도로 힘들다.
하지만 한바탕 쏟아 붓고 나면, 약간의 희열마저 얻는다.
그러니 이 힘들고 힘든 작업을 해낸다. 찻잎에 집중해서
불 먹어 변하는 그 색을 정확히 읽어야 한다.

역사

차는 역사 여행이다. 수천 년 이어오면서 차는 인류에게
마실거리로 인연을 맺어 지금까지 수많은 문화를 잉태하면서
우리 곁을 지키고 있다. 한 가지 소재로 지금까지 마실거리로
남아 존재하는 것, 몇 안 되는 인류문화유산인 것도 드물
테니까.

차의 역사는 얼마나 될까. 그 이동 공간은 또 어떻고.
많은 이야깃거리를 낳고 많은 이들의 염원을 담아 존재하는데,
의지가 되고 헤아리는 것조차 엄두를 못 내겠다. 무엇이 이렇게
긴긴 시간 살아 움직이는 역사가 되게 했을까. 닮고 싶은
욕심이 생기는 건 무모함 때문이리라. 찻물을 끓여야겠다.
이 애타는 가슴을 달래야 하니까 말이다.

단잠

차는 눈 아래 단잠이다. 하얀 눈이 수북이 쌓인 저 하얀 지리산 자락 골골에 찻잎들이 움 속에서 털 이불을 뒤집어쓰고 곤히 단잠에 빠져 있다. 어느 곳에서나 이리 눈 끝에 걸리기만 해도 반갑고 반갑다.

이 하얀 눈얼음 속에서도 곤히 단잠을 자기도 하겠지. 부디 이쁘고 착하고 아름다운 향기로운 꿈만 꾸었으면 하고 기도했다. 꿈이라도 내 기도가 통했으면 한다. 이 겨울이 지나면 움트고 인사하며 쏘오옥 나오겠다 기다려진다. 지리산은 능선을 경계로 북쪽의 찬바람을 막아주는 병풍처럼 높고도 길게 늘어서 있다. 그 골골에서 단잠 자는 차나무의 안부가 궁금하다. 잘 크고 있겠지.

차는 눈 아래 단잠이다. 하얀 눈이 수북이 쌓인 저 하얀 지리산 자락 골골에
찻잎들이 움 속에서 털 이불을 뒤집어쓰고 곤히 단잠에 빠져 있다.

음다

飮茶

차 즐기기

품천(品川)

흐르는 물도 품격을 논한다. 차를 우리다 보면 찻물이 중요함을 알게 된다. 물은 차의 정신이라 했으니, 그만큼 중요하다는 얘기다. 찻물로는 바위틈에서 솟아나는 석간수를 최고로 친다. 우리나라의 우물물과 옹달샘은 모두 바위 틈새로 졸졸 흐르는 물이다. 아주 귀히 여긴다. 산사에서 수행하는 스님들의 고유 음료가 차다. 당연히 찻물은 산중 계곡물이다. 예로부터 좋은 도량은 좋은 물을 얻는 데 있다고 했으니 물은 늘 넘쳐흐른다.

계곡의 물은 넘쳐나다가도 밤에 잠을 잔다. 그런 경험을 한 분들도 많을 터다. 계곡물 흐르는 소리가 낮에는 좀 크다가도 밤 되면 무척 줄어드는 걸 귀 기울여 들어보면 알게 된다.

찻물은 이른 새벽에 물을 길어 물동이에 채우고 붉은 비단포로 숨구멍을 남겨 놓고 덮은 뒤 삼 일을 재워 쓴다는 말도 있다. 바위와 바위에 부딪혀 흐르는 물은 기가 산(散)하다 하여 찻물로 바로 쓰는 걸 꺼리기 때문이다. 찻물은 어쨌든 고요하게 재워 쓰는 걸 택했다. 바위의 신비로운 기운을 타고 흐른 물을 얻어 차를 우리면 정말 한 잔만 마셔도 신선이 될 듯하다.

전국 산하 곳곳에 물을 찬탄한 시도 많다. 문사들의 글 중 주제가 되기도 한다. 시간은 문화를 낳는다. 현대의 문명이 극도로 발달하여 요즘은 생수를 사다 차 우리는 일이 많다. 하지만 지리산 부근에서 솟아난 물로 차를 달이면 차맛이 정말 다르다. 내 입맛만 그런 게 아니라 함께 자리한 차인들도 다 같이 입을 모은다. 찻물은 이것저것 마셔보고 잘 골라 쓰도록 하자. 좋은 물을 얻는 건 차인에게는 홍복이다.

茶

찻주전자

차를 우려내는 주전자를 다관이라 부른다.
'아홉번덖음차회'에서는 찻주전자라고 부른다. 우리 민족은 도가적 소양이 강해 모든 사물에도 도교적 철학을 함유시킨다. 찻주전자도 그렇다. 달을 꽉 품은 듯, 둥글고 풍성하게 달을 본떠 항아리를 만든 다음 물부리를 달고 손놀림이 유용하도록 손잡이를 단다. 뚜껑도 바람구멍과 물부리의 상호관계를 과학적 차원으로 접근해 찻잔에 차를 따를 때 흘러내리지 않고 물이 똑똑 끊어지게 하는 절수까지 생각하고 바람구멍을 뚫어 미학적으로 접근했다. 멀리서 바라보면 풍만한 여성의 몸을 품은 듯, 그 유려한 달을 찬 모양은 풍요와 다복을 그려 미소 짓게 한다. 시리도록 맑은 빛은 또 어떻던가.

찻주전자의 생명은 절수라 한다. 하지만 조심스럽게 정성으로 차살림을 하다보면 아주 미세한 작용이 일어남을 느낀다. 차를 넣고 끓는 물을 붓고 양손으로 찻주전자를 살포시 안아 쥐면 가득한 느낌은 정말이지 말로 다할 수 없다. 찻주전자 안벽으로는 유약을 발라 차탕을 내면서 주전자가 차의 성분을 먹지 않도록 하는 게 좋다. 차의 성분을 오롯이 우려 낼 수 있는 주전자가 찻주전자로는 아주 손색이 없다.

차맛

차맛. 어떻게 표현해야 하나. 맛을 표현하는 말을 곰곰이
생각해보면 참 다양하다.
그래서 차 우리는 모습을 보며 기다리는 동안 느끼는 감정은
정성스럽다는 말보다는 부담스럽다는 말을 먼저 꺼내는
많은 사람들을 만나며 고민이 많다. 꼭 전문용어라 여기며
이해불가한 말을 사용해야 하는가 말이다.

차맛을 표현하는 말에 가장 멋진 표현은
"간이 딱 좋습니다."이다.
차를 마시고 맛을 느끼고 난 후,
뭐라 답례를 해야 하는데 참 어렵더라고들 한다.
그럴 때,

"차색이 좋습니다."
"차향이 은은하네요."
"차간이 참 좋습니다."

하고 답례하면 된다. 또,

"차맛이 좋군요."
"차 탕색이 맑고 밝네요."
"차향이 구수하네요."

하면 참 좋은 답례가 된다.
차가 어려우면 피하게 된다.
그냥 나누면 되는 일이 찻일이다.

차맛은 누가 내나

차를 비비는 분들이나 차를 마시는 분들 거개가 차의 맛이나 향은 손대는 사람이 전부 지어내는 것으로 알고 있다. 이런 인식이 내가 차를 덖어내면서 만난 최고의 벽이었다. 얼마나 엄청난 벽인지 절대 허물어지지 않을 철옹성 같았다.

해마다 차철이 끝나면 바로 차인들이 한자리에 모이는 차문화박람회가 열린다. 그곳에서 만난 이야기를 실상을 보게 되었다. 쪽빛 두루마기를 제대로 걸쳐 입고 머리가 엄청나게 긴 지리산 도인 한 분이 내 앞에 떡하니 나타나서 차 한 잔 따르란다. 차 한 잔 우려내어 쓰윽 그 앞으로 내밀었다. 찻잔을 손에 쥐고 코를 흠흠 거리더니 한 모금 마시고는 혀를 입 안에서 이리저리 굴려대며 맛보고는 목 넘김을 끝으로 하는 말.

"차를 어떤 맛으로 만든 겁니까?"
"예?"
"차를 어떤 향으로 만든 거냐구요."
"차가 차맛이지요."
"차를 만들고 싶은 맛을 내야지요."
"차는 지가 알아서 맛을 내야지요."

뒷골이 뜨거워짐을 느꼈다. 모두들 찻일을 하면서 자기 자신에게는 문제가 없는 줄 아는 듯하다. 하지만 사람이 하는 일 중에 그럴 일이 얼마나 있는가 싶다. 차맛은 차가 알아서 낸다. 만드는 사람은 차가 원하는 만큼의 불을 먹이면 끝이다. 불을 먹을 만큼 먹으면 더는 먹지도 못한다. 솥에서 덖다 보면 차가 타서 못 덖는다. 아홉 번 덖는 동안 내가 하고 싶어 한 적은 없다. 차가 원하는 만큼 차를 덖기만 했을 뿐이다. 그래야만 차가 알아서 맛과 향을 스스로 만든다. 그 비밀스런 일은 덖는 사람만 안다. 그런 걸 경험하는 게 좋아 이러고 사는지도 모른다.

간 맞추기

"차 한 잔 하실래요?"
"어떤 차 드릴까요?"

기대 잔뜩 들고 찻상 앞으로 다가앉는다. 포트에 물을 얹고는 차 바구니를 뒤지락거리다가 흘낏 보며 한마디 툭 던진다. 요즘 마실 차가 없단다. 차맛이 맘에 안 들어 홍차를 즐긴단다. 내가 대답했다.

"뭐, 좋은 차, 아니면 좋아하는 차로 우려 보세요."

보이차, 철관음, 용정차…. 어쩌면 그리도 많은지 꽃차까지 주욱 열거하며 말하고는 "스님께는 차 내기가 좀 그래요." 한다. 내가 뭐 어쨌다는 거지? 고집스럽고 아주 답답한 맹과니로 나를 몰아붙이고는 이러고 있다고 격한 부정과 불만을 토로해 댄다. 왜 차를 아홉 번 덖는지, 그러면 영양 상태나 그런 것에 영향은 안 주는지, 교육기관을 통해 배운 차에 대한 알음알이하고 많이 다르니 틀린 거고, 별로 알고 싶지도 않다면서 온갖 지적질이다.

하이고, 어째야 하는 거지? 그래서 차를 제대로 알고, 바로 마시자고 이렇게 글을 쓰게 된 거다. 차는 냉성이 강하니 꼭 아홉 번 덖어 제살시키고, 끓는 물로 우려도 떫거나 쓰지 않고, 감칠맛 나게 마시면 되는 일이다.
차 우리기나 차 마시기는 정성심으로 하면 될 일이다.

차는 제다나 법제에 따라 맛이나 향이 정말 달라진다. 그뿐인가. 차 우리는 사람의 방법에 따라 차가 부드럽기도 하고 은은하기도 하고 진하기도 하다. 차는 그야말로 요리와 조리의 가장 기본이 되는 듯하다. 그래서 차맛을 간이라 표현하나 보다.

자, 차 간 잘 맞춰 마셔 보자.

다섯 가지 맛

차에는 다섯 가지 맛이 있다. 신맛. 쓴맛. 단맛. 떫은맛. 짠맛. 동양에서는 우주를 형성하는 원소를 크게 다섯 가지로 보는데, 오행(나무, 불, 흙, 쇠, 물)이라 한다. 차에 다섯 가지 맛이 함유되어 있는 것과 우주의 형성요소 다섯 가지를 서로 대비해 차 한 잔 속에 우주를 품는다고 표현하는 것이다.

차를 한 잔 우려 한 모금 입 안에 담고 혀로 이리저리 굴려 맛을 느낀다. 차의 다섯 가지 맛 각각은 우리의 오장과 연결되어 있다. 쓴맛은 심장과 심포를 자극하고, 떫은맛은 폐와 대장을 자극하고, 신맛은 간과 담을 자극하고, 짠맛은 신장과 방광을 자극하고, 단맛은 위장과 비장을 자극한다.

이런 작용으로 우리의 오장과 오부를 원활하게 하며
마지막으로 마음까지 고요하고 고요하게 하기 때문에
차 한 잔 마시는 게 참선하는 것과 다르지 않다 한 것이다.
끓는 물로 차 한 잔 마시면 우리의 몸이 따뜻해져 혈액순환이
원활해진다. 그러니 몸을 통해 우리의 인식작용의 전환,
즉 화두일념으로 이끌어준다. 차 한 잔 마셔 느끼는 맛이
이렇게 우리 몸의 주요장기인 오장과 육부를 원활하게
소통시켜 순환을 부드럽고 편안하게 하는 것이다.

세상이 온통 꽃 천지다.
마음이 자꾸 밖으로 밖으로 날아가려 한다.
이럴 때 차분하게 차 한 잔 우려 마셔보자.
은은한 맛과 향이 우리를 행복하게 해준다.

물

삭발염의하고 사는 터라 늘 마실거리 먹을거리를 가리고 산다. 지난 장마철에 한 지인의 사무실에 들르게 되었는데 이른 때라서 끓인 물이 준비되지 않았단다. 그래서 수돗물 받아서 끓여 커다란 컵에 차를 조금 넣고 우렸다. 다들 눈이 휘둥그레진다. 분명 물을 끓일 때 소독약 냄새가 강했는데 전혀 냄새가 나지 않는단다. 차가 물도 걸러 준다며 좋은 경험이라 한다. 차는 수질조차도 바꾸나 보다. 이렇게 이상한 말을 하는 입장이 되어 좀 꺼려지기도 하지만, 꼭 알리고 싶어 하는 말이다.

좋은 차를 얻으려 하는 일도 좋다. 하지만 차는 상황에 따라 부족한 조건도 무난하게 바꿔줄 수도 있다. 찻물, 이러저러한 의견에 따르지 말고 그냥 꾸준히 마시다 보면 인연이 쌓여 좋은 여건이 갖추어진다. 그때 찻물을 가려 써도 된다. 차는 신묘한 작용이 있어 사람으로 하여금 맑고 밝은 기운을 발산하게 만들어준다. 좋은 기운으로 모든 이를 행복하고 기쁘게 하는 차를 다들 즐겨 마시기를 권한다.

차맛

"스님, 왜 집에 가서 차를 우리면 그 맛이 안 나지요?
은은하고 부드럽고 달달하고 구수한 그 맛있는 차맛이요!"

거 참 갑갑한 일이다. 수도 없이 부탁도 하고, 사정도 하고,
설명도 하고, 그리고 눈앞에서 보여주기도 했다.
그런데 집에 가서는 자신이 알고 있는 방식으로 차를 우린다.
그러면 최선의 차를 얻는 데 걸림돌이 된다.

차를 어떻게 덖어냈는지 정확하게 읽어내고 차를 우려야 되는
거다. 차는 자신의 경험만 토해내는 거다. 자신의 여행담을
주저리주저리 이야기하는 차를 바람 서늘해지는 차철이
되었으니 꼭 만나보기 바란다. 누구든, 어디서든, 어떻게든
여행을 한다. 하지만 자신의 경험만 알고 이야기한다.
차도 마찬가지다. 아홉 번 덖음차만의 전설이 있다.
차 한 잔 마시며 그 긴 여정에 귀 기울여보라.

맛있다

"차, 맛있다."
아홉 번 덖음차 마시고 하는 말이다.
차는 맛있어야 마신다.

찻잔

찻잔을 손에 살짝 쥐어 본다. 손바닥에 그리고 손가락에 촉감이 푸근하다. 거친 느낌의 찻잔도 있다. 찻잔 색도 눈에 참 곱다. 여러 번의 망설임 끝에 찻잔을 골라 아주 행복해하며 들고 왔다.

"스님, 이 잔 좀 봐 주세요."
"그래요. 차를 우려 보면 알지요."

그러면서 차를 우려 여러 종류의 찻잔에 차를 주욱 따른다.

"마셔 보세요. 차를 마셔 보면 어떤 찻잔이 좋은지 알게 돼요."
"그것 참, 잔마다 차맛이 다르네요."

잔마다 차맛이 다르다. 그게 맞는 말이다. 잔마다 차맛이 다르다는 것, 그걸 알면 찻잔도 어떻게 고를지를 결정하게 된다. 모양으로 보고 고를 건지, 기능을 살펴 고를 건지, 아니면 그냥 세상에 하나밖에 없는 찻잔을 고를 건지.
차를 잘 우려 맛나게 마실 수 있는 찻잔,
그런 찻잔을 만나야 한다.

다선일미(茶禪一味)

차는 선(禪)이다. 차를 마시는 이유는 모든 일상사를 잠시 여의고 차와 일체를 이루는 행을 통해 인식과 욕구의 흐름과 같은 업의 작용을 멈출 수 있기 때문이다. 차만 오롯이 느끼기 위해 또 하나의 행이나 인식을 위해 분별심만 여읜다면 바로 멈춤, 즉 사마타를 행하게 되는 거다. 차를 인식하기 위해 집중하는 습을 잘 들인다면 몰입하는 힘이 커질 테니 말이다.

차를 우리기만 하여도 온통 차향에 젖는다. 찻물만 올려도 입 안 가득 침이 고이는 걸 바라보며 알아차림 하니 되는 거다. 우리의 업의 작용을 멈추면 그게 곧 공부라는 뜻이다. 더운 날 차향이나 훔쳐야겠다.

만남

사람이 차를 선택하는 게 아니고 차가 사람을 고른다.
자연스럽게 만나서 지금까지 아홉 번 덖음차와 함께 호흡하고
있다. 약속도 없었고 선택도 아니었다. 우연하게 봄날 꽃처럼
내게로 왔다. 차를 다루는 솜씨가 좀 남달랐던 것 같았다.
직접 차를 만든 이보다 내손이 차를 더 맛깔스럽게 우렸다.
어디를 가든지 팽주가 되었던 듯싶다.

마음 턱 내려놓고 마주 대하면 차가 두런두런 말을 걸어 왔다.
그 긴 여행의 비밀을 들은 대로 다뤄주면 아주 좋아하는 것
같다. 차는 만남이다. 그 향으로 만나고 그 맛으로 만난다.
따뜻한 기운이 감도는 찻잔을 살포시 두 손으로 감싸 쥐면
얼마나 안락한지 차 마신 이들은 다 안다.

— 온몸을 굽혀 차를 마시는 석창우 화백

그 남자의 차 사랑

온몸으로 글을 쓰는 한 남자가 있다. 내게 늘 부족한 기도를 알게 해주기도 한다. 두 팔이 없으니 세상의 모든 팔을 쓸 수 있다 자랑하기도 한다. 그러자니 온몸의 근육이 부드럽다. 몸통으로 글을 쓰니 그렇단다.

그는 차를 무척 사랑한다. 특히 내가 비빈 차를 즐겨 마신다. 온몸을 굽혀 마신 차라서일까. "어후, 향이 기가 막히네." 하며 감미가 더욱 깊다 한다. 내 차를 사랑하고 즐겨주니 이보다 더 감사한 일이 없다.

차를 덖고 비빌 때마다 이 차를 마시는 모든 분들에게 "약으로 변해지이다." 발원한다. 아무리 발원해도 마셔주지 않으면 이룰 길이 없다. 그래서 감사하다. 정성심으로 비빈 차를 마셔주는 모든 이에게 감사하다.

물 끓는 소리

탕관에서 물 끓는 소리를 자연에서 차용해 표현해낸
문사들의 놀라운 발견은 행복 너머 그 어디인 듯하다.
탕관에서 물이 끓으며 내는 소리를 죽뢰(竹籟)라 한다.
댓잎이 바람에 부딪히며 내는 소리라는 말이다.
머리로만 그런가 하며 여상하게 찻물 끓이며 지내다가
대숲에 감싸여 있는 소쇄원에서 듣게 되었다.
사그르르락, 싸르르르, 싸르륵, 내 귀에는 음률을
따라가는 듯 노래처럼 들린다.

초의 선사께서는 댓잎이 바람에 부딪히는 것과 그 부딪히는
소리를 찾아내셨나 보다. 차는 우리를 차분하게 대상과
하나 되게 하는 강한 힘이 있다. 누군가를 만날 또 다른
여행의 짐을 싸야겠다.

차를 우리다

차는 왜 우린다는 말을 사용할까. 우린다는 건 무엇인가에 내재되어 있는 성분과 성품, 성질을 시간과 공간을 사이에 두고 밖으로 끌어내는 작업을 이르는 말이다. 그런데 차를 마실 때 그 우린다는 표현을 사용한다. 그러니 차는 다만 음료로만 쓰이는 건 아닌 것이다. 진향은 차에서 날 수 있는 모든 향을 한데 모아 놓은 향이라 할 수 있다.

사람에게 덕(德)이란 말을 쓰지만, 나는 차에도 덕이란 말을 쓴다. 차를 가까이하고, 좋아하고, 아끼는 분들을 일러 차인이라 하는데, 차인들에게는 각자의 향취가 있다. 차의 향에는 진향(眞香), 난향(蘭香), 순향(純香) 등이 있는데, 진향에 대한 의견이 늘 분분하다. 각자 감각적으로 느끼는 것이니 다른가 보다. 나는 진향을 덕스러운 향이라고 부른다.

다식(茶食)

다식(茶食)은 차와 함께 먹는 간단한 먹거리다.
차를 마시다 보면 소화가 잘 되고 물을 참으로 많이
마시니 시간이 길어지면서 간단한 간식거리가 필요해진다.
요즈음 다식 문화가 다양해지면서 보기에 아름답고,
먹어 맛있으며, 간단하고 편안한 다식을 예술로 접근해
볼 만한 문화로 모색되고 있다. 눈으로 먹되 침샘 자극이
너무 강하면 별로다. 향기는 너무 진해서 차를 넘는 게
아니면 최상이다. 차 마실 일이 점점 많아지는 날이다.

담박

차는 담박함이 생명이다. 차맛을 주저리주저리 설명하려
들면 그 진미가 폴폴 날아가 버리는 걸 알게 된다.
차를 왜 설명하면서 마시려 하는 걸까. 그냥 한 잔 마시다 보면
차가 내게 하고픈 이야기를 듣게 되는데 다섯 가지 맛으로,
다섯 가지 속내로, 다섯 가지 의미로. 우리 고통의 문이
다섯 가지이니, 한 가지씩만 열면서 씻어내면 되는 것이다.
차 한 잔으로 눈 먼저 씻고 보자.

겨울나기

날이 춥다고 여기저기 난리다. 날이 차가워지면 몸도
웅크러든다. 그러면서 우리의 마음도 점점 위축된다.
이런 때 아궁이에 불 지펴 찻물 올려 물 펄펄 끓는 소리 들으며
수증기 피어오르는 모양을 우두커니 바라보고 있노라면
내 오감이 오롯이 작용하는 순간을 맞이하게 된다.

얼마나 고요하고 고요한지 옛 차인들은 물 끓는 시간을
기다리며 그 시간시간 변해가는 모양을 바라보며 멋진 말로
표현했다. '등라계갑(藤蘿繫甲)'이라고 커다란 고목을 등나무가
칭칭 동여매고 올라가는 것 같다고도 했다. 물 끓는 소리는
'송풍(松風)'이라고 소나무 사이로 부는 바람소리와 같다 했다.
긴 겨울밤 흰 눈이 사그락 사그락 내린다.

찻물 들이기

찻주전자는 물때에서부터 찻물이 들면서 시간이라는 옷을 입게 된다. 처음이 깨끗하고 좋아 보였지만 찻물 들어 때 좀 묻은 찻주전자가 손에 익어 편하니 아주 좋다. 차는 이렇게 시간을 우리는 우리의 습이다. 찻물 잘 들여 선하고 선하게 행복한 삶을 꾸리는 일이다. 하루하루 차 마시는 삶으로 시간이라는 공들이는 삶으로 바꿔 보기 바란다.

차향

흠흠 거리면 차를 다 알 수 있을까. 대부분 차를 덖을 때나
마지막 불 먹임 하면서 나름의 경험을 토대로 흠흠 거리며
차향을 감별한다. 흠흠 거리며 맡은 향이 숙성 후 차 우리면
나는 향하고 좀 다르다. 차는 숙성한 후라야 향이 깊어지면서
더 달큰해진다. 끓는 물로 탕을 우린 뒤 향이 더더욱 깊어진다.
향은 열에 약해 끓는 물로 우리면 향이 날아다니게 된다.
어떤 향이 더 강할 걸까. 우려 마셔보면 안다.
찻물이나 올려야 할까 보다.

차는 마실이다.

품에 맘에 드는 향 안고 이웃에 마실 가서 자랑 늘어지게 나누는 것.

그것이 부끄럽지도 않고 오히려 고맙게 여기며

서로 차 나누며 새로운 만남을 이루고 차향이 넘치는 차 마실이다.

찻종지

차는 서로를 끌어당기는 자기력이 있다. 거참 기기묘묘하다. 늘 같은 차를 우리는데도 우리는 찻종지마다 차맛이 사뭇 달라진다. 당연한 건가? 당연한 거다.

그러니 지은 이의 손맛과 감정 그리고 정성을 담아낸다는 게 이치에 어느 정도 맞는 듯하다. 요즘은 음차인들이 각기 자기 취향이 강한 탓으로 호불호가 분명해지는 듯하다. 차를 비비는 나는 아홉 번 덖음차를 가장 잘 담아 우려내는 자기를 좋아할 수밖에 없다. 그러자니 눈으로 호강하는 일은 미루고 산다. 찻그릇의 제일 생명은 차를 잘 품어내야 하고 쓰기에 불편함이 없어야 하고 눈으로 봐도 행복해야 하는 것이니 말이다. 찻종지가 눈에 더욱 시원한 날이다. 오늘 같은 날은 찻물을 끓여야지 싶다.

차철

드디어 차의 계절이 왔다. 차가 제일 맛있는 때이다.
차는 마셔서 진실을 얻을 때 감동을 얻을 수 있다.
이 가을 긴 잠을 자던 차가 완전히 숙성되어 눈을 뜬다.
모두들 봄을 차철이라 하지만, 아홉 번 덖음차는 서늘한
바람 아래 불타는 단풍과 함께 진정 차철을 맞는다.
이제부터 더욱 진한 풍미를 얻게 되니 말이다.

그렇다. 익는다. 스며든다. 박힌다. 깊이 젖어든다. 물 든다.
더 깊은 오롯한 진실함을 얻는 곳에 다다르는 것.
그 여정의 끝쯤 되는 듯하다. 차가 강한 향을 내뿜고 있다.
진정 차 마시기에 더없이 좋은 때, 차철이다.
어서 찻물을 올려야겠다.

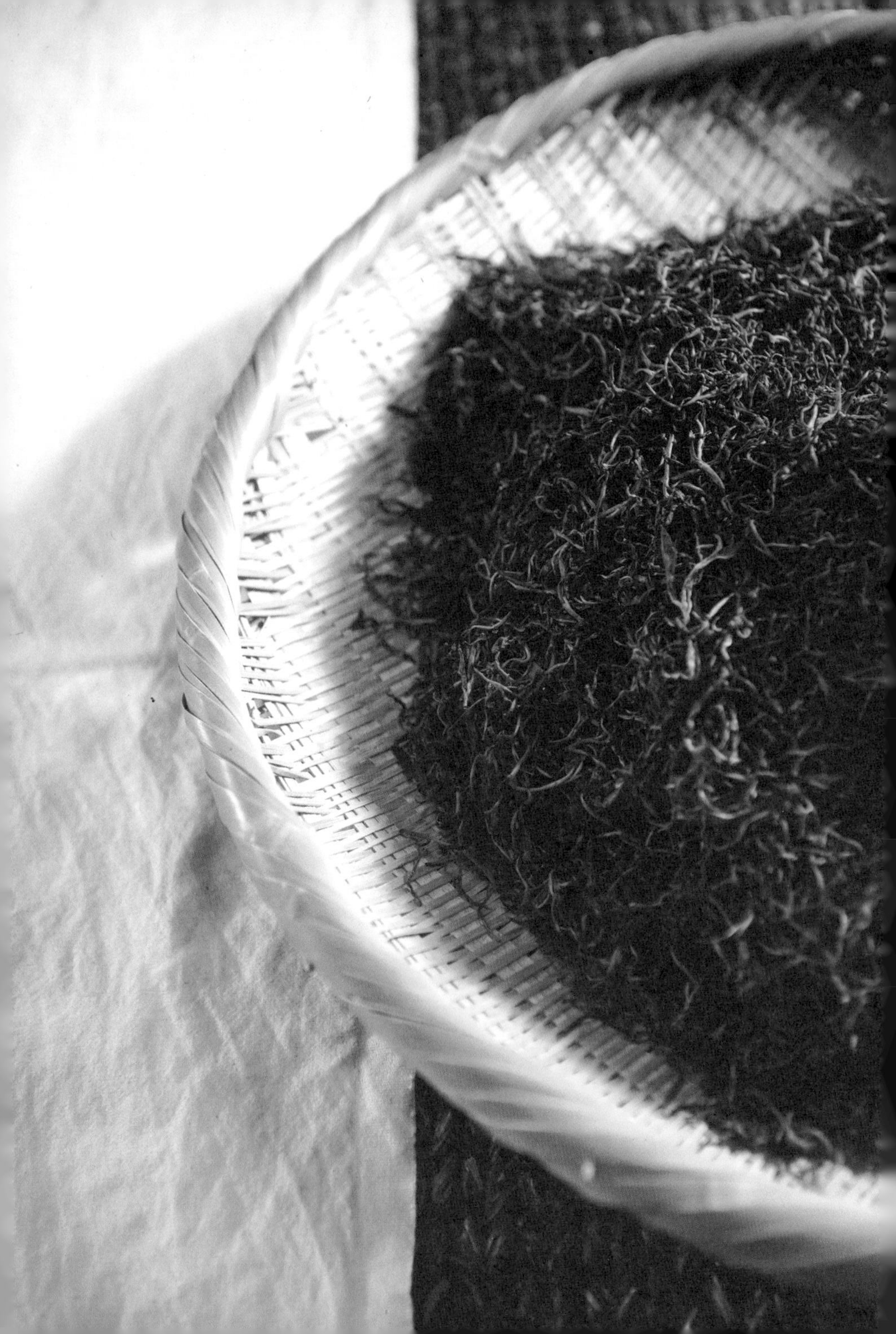

어울림

차는 아름다운 어울림이다. 제대로 덖어진 차는 정성스레
우려야 진미를 얻을 수 있다. 정성이라는 말, 애매와 모호를
넘나드는 형용사라서 잘 설명하기 좀 어렵지만 스스로 할
수 있는 만큼에서 최고를 이름이니 누구나 가능한 일이다.
어디서나 누구나 해낼 수 있는 일이니 잘 어울리도록 해주어
맛있게 우리면 된다. 물과 차의 만남, 차가 잘 우려져 섞이게
하는 일을 '팽주'라 하며 아름다운 이름을 붙였다.
얼마나 아름다운 일인가. 서로 소통하고 나누고 알아주고
읽어주고 아름다운 일, 그게 차다. 찻물이나 올려야겠다.
독철(獨啜), 그 신선이나 되어 봐야지.

석간수

차는 물과 하나다. 차가 좋아하는 물을 만나러 이곳저곳을
다녀왔다. 산도 높고 계곡도 깊다. 물은 최고다.
물빛이 시퍼렇다. 바닥이 깊어서인가 "물 좋다." 하는 말의
지극함을 알겠다. 바위가 물을 낳는지 물이 바위를 드러내는지,
바위와 물이 서로 만나 굉음을 토해낸다. 이러하니 차가
암반수인 석간수를 즐기지 않을 수 없을 것이다. 차가 되고
싶다는 충동이 일 만큼 물이 유난하던 찰나다. 산, 숲, 물의
어우러짐 안에 끼여 춤추던 염치없던 순간을 기억하고 싶다.

하나됨

숯이 잉걸불을 만들어 흙으로 빚은 화로 안에 자리한다.
그 위에 주전자를 얹는다. 옹달샘물 길어 소나무 가지로 사이로
이는 바람소리가 나도록 끓인다. 숙순, 한소끔 불을 더 높여
뜸 들이며 탕수를 끓인다. 그 물에 차를 우린다.

이 찻일 자체가 우주를 만나는 행(行)이다. 불이 물을 끓여
주어야만 차를 우려 마실 수 있으니 차는 상생의 법을 익히는
일이다. 어느 것 하나라도 치우치면 감칠맛 우러나는 차를 얻을
수 없음이다. 물과 불, 흙과 나무와의 진기를 만날 수 없음이다.

대화

차는 대화이다. 다담(茶談)은 차를 마시며 나누는 대화이다.
가까워져야 깊어져야 친해져야, 서로 소신도 밝히게 되고,
견해도 내놓게 되고, 이견도 확인하게 되고, 화해도 하게 된다.
같이 앉아 뭔가 나눠 마시면 더더욱 가까워짐을 느끼게 된다.

누군가 만나는 자리에 푸시시 푸시시 찻물 끓는 소리가 들리면
뭐라 하지 않더라도 푸근해져서 서로의 의중을 나누는 일이
부드러워진다. 대립으로 인해 긴박해지면, 감정이 도드라지려
하면 얼른 차 한 모금 마시며 정도를 조절할 일이다.
차는 화평을 품고 있다.

차인

茶人

묘덕

손톱 달

늦은 밤, 하늘에 손톱 달이 유난히 빛난다. 천천히 차 작업이
시작된다. 이제부터 본격적으로 차를 디뎌볼 양이다.
지리산 산허리에 걸쳐 흐르는 은하수가 밝게 빛을 내고 있다.
솥단지에 불이 서서히 올라오면 차 한 바구니를 넣고 불과
사투를 벌인다. 도대체 누가 나를 불속으로 이끄는가?
깊은 산의 야생차가 첫 손을 타고 이곳으로 모여든다.
찻잎의 향내가 콧속을 후벼 판다.
이걸 아는 사람은 이 열기를 두려워하지 못한다.
두 번째 덖어보는 올해 햇차를 안으니 흐뭇하다.
올해도 어김없이 너는 날 반겨주는구나.
잘 어울려 한바탕 놀아보자꾸나.

알아차림

소소한 일상이 내 삶의 전부가 된다.
찰나찰나 몰입하며 집중된 삶을 꾸리는 일을 일러
수행이라 하고 정진이라 한다.

"알아차리는 일."

무얼 하는 게 아니라 이 순간 존재로 있음을 아는 일이다.

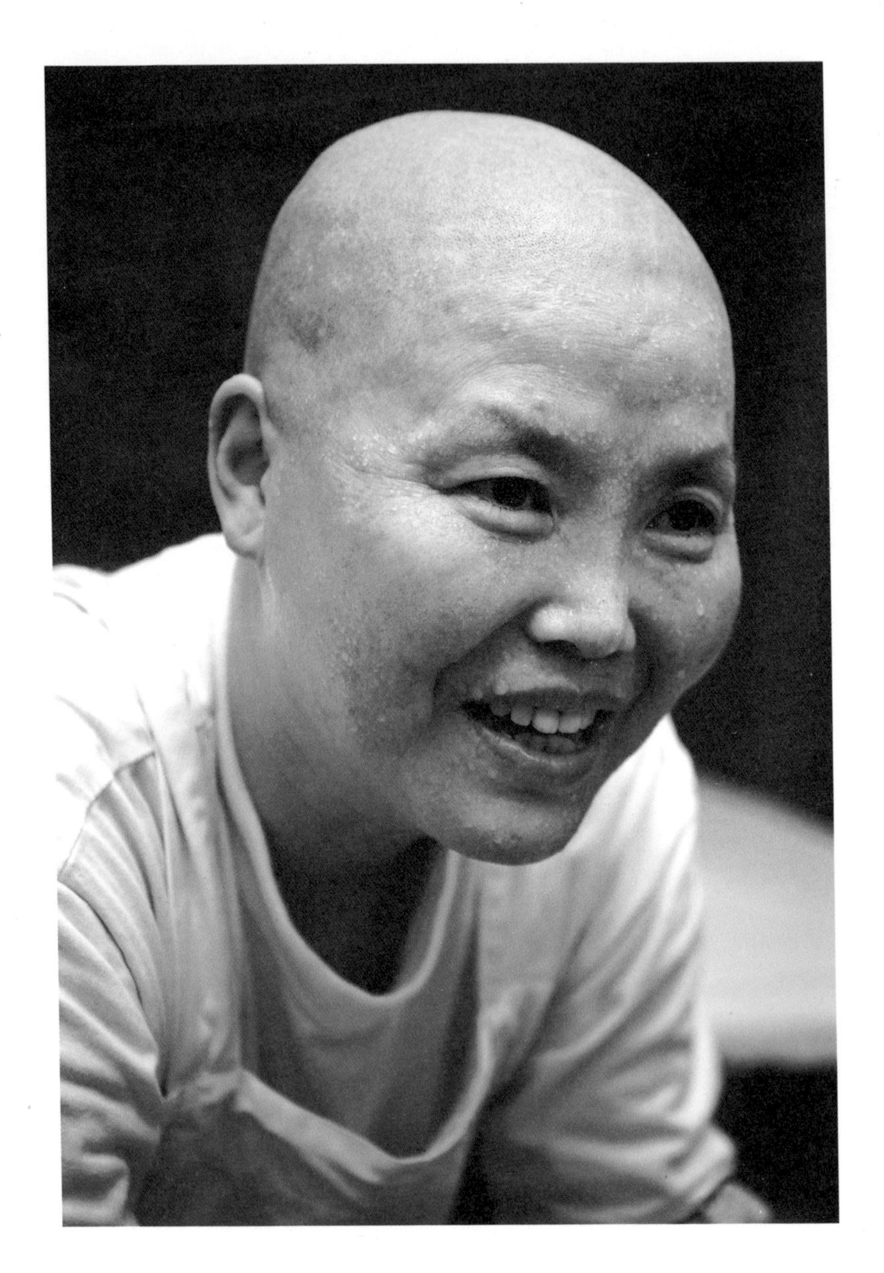

얼굴

내 얼굴은 누구 것이냐고 물어왔다.
내 얼굴은 보는 사람 것이다.
그걸 모르고 살았으니 참으로 잘못 살았다고 하였다.
지울 수 없는 삶을 어쩌나.

이름

내가 디뎌 말린 차. 이름표가 나왔다.
오랫동안 늘 회자되던 일이었다.

"차 이름이 뭐예요?"
"차가 차지, 뭐 따로 이름을 만들어야 하나요?"

내 어눌한 대답에 고개를 갸우뚱하던 분들께 죄송한
마음이 늘 있었다. 무슨무슨 차라며 거창한 명호를
지어주시겠다던 분들도 많았다. 그때마다 나는
시절이 달라지면 불만스러워지고 부족하다 느낄까 봐
묵묵부답이었다. 그러다가 시인인 도정 스님이 진지하게
해준 말씀을 따르기로 했다.
그래서 지은 이름 〈아홉 번 덖음 묘덕차〉. 상표도 등록하고
말았다. 묘한 감정이 일었다. 이 꽉 깨물고 굳게 지키려던
아홉 번 덖음차의 빗장이 열리는 걸 알게 된 건 한참이나 지난
일이다. 든든한 것 같기도 하지만 책임감도 강하게 들었다.
이름이 시작이 된 셈이다. 타인의 말이 귀에 들어오다니.

"제 귀가 좀 열리나 봐요. 차를 덖다 보면 늘 뭔가
조금 부족하다 싶은 게 있지만 최선을 다했을 뿐이고,
그 다음은 차의 덕성에 의지해 살았거든요."

묘덕(妙德)이란 법명을 은사스님께 받을 때, 함께 자리하신 선암사 총무스님께서 "크다. 크다. 너무 크다." 하시던 말씀이 아직도 또렷하다. 그땐 묘덕이란 의미가 어떤 건지 잘 모를 때라서 예쁘지 않다고 조금 속상했다. 이제는 그 뜻을 안다. 은사스님께서 "반드시 자비행(慈悲行)을 하라." 지어 주신 이름이다. 많은 덕을 행하지는 못 하지만 마음 챙기며 정진하려 노력한다.

봄

나는 늘 봄을 기다리고 있다. 무슨 특별한 약속이 있는 것도
아니다. 습관처럼 봄이면 바라보던 산등성이에 파르스름한
손톱 달이 걸리고, 반짝이는 새벽별이 눈에 가득 묻히는
그런 봄날을 기다린다. 온갖 새 울음소리 길게 드리우는 밤,
봄밤이 함께여서 나는 늘 봄을 기다린다.

햇찻잎이 올라오기 때문이다.

역사는 생존이다

노사는 미소만 짓고 있었다. 임진왜란 때 일본에 끌려간
조선 도공 심당길의 14대손인 심수관 선생님. 꿈 많고 열정
넘쳐 세상을 마음대로 해보겠다고 사고만 치고 다니던 때이다.
광풍차회의 초대를 받아 가고시마의 심수관 요를 찾아갔다.
심수관 선생님이 그곳에서 우리를 기다리고 계셨다.
앙상하게 늙은 나무에 가지마다 매화가 달려 활짝 피어 있었다.
마치 심수관가의 집안 내력을 전해주는 듯했다.
같은 한민족이라는 어줍잖은 믿음 하나뿐 다른 건 없었다.
한국인이라고 하면서 왜 작품은 전부 왜색이냐고,
무얼로 한국인의 도자기 기법이라고 할 거냐며 따지듯 물었다.
대답을 듣고는 창피함을 느꼈다.
"도자기를 팔아야 먹고 사는데 누가 사줘야 하는 거지요."
돌이켜 생각하니 우격다짐이었다. 식견 없는 출가자가 되었다.
우습지 않은가. 그렇다. 생존해야, 살아남아야 역사도 있다.
역사는 생존의 기록이다. 그 숭고한 과제를 우리는 모두 안고
산다.

고목

세찬 바람 부는 언저리에서 세월을 버텨온 고목.
이렇게 살아내는 삶. 사람에게만 사연이 있을까 궁금해진다.
차 한 잔 마시면서, 향내를 담으며, 사유에 빠져본다.
시간이란 도대체가 무지근하다. 후딱 지나가는 줄 알았는데
고목을 만나 보니 쌓여 만들어진 흔적이란 게 새삼 두려워진다.
찻물이 끓고 있다. 내 뒤에 남을 나를 들여다보며 살아야겠다.

의지처

부처님께서 도과(道果)를 이루신 날을 기억하기 위해
야단법석을 마련했다. 그런 날 아홉 번 덖음차 대중공양에
나섰다. 법이 있는 곳에 항상 차가 있고 또 도반이 있다.
차는 그래서 수행의 의지처다.

그리움

그 뜨거웠던 때가 그립다.
열기 풍풍 올라오는 솥단지에 붙어
훅훅거리며 차 볶아내던 때 말이다.
찬 바람에 볼이 시리다 못해 아파지니 더욱 그리워진다.
이 놈의 의식은 참 변덕스럽다.
뜨거워 죽겠더니만 시려서 추워서 죽겠다.

아홉 번 덖음

생각 창고의 빗장을 여니 얼마나 차곡차곡 쌓였던지 끝없이 꾸역꾸역 끌려나온다. 계절통을 앓듯 한 번씩 홍통을 크게 앓는다. 어떻게 살아야 하는지…. 수없는 일이 일어나고 또 스쳐 지나갔다. 그 속에서 서로 인연 따라 위로도 받고 좌절도 하면서 또 흘러갔다. 차를 비비면서 얼마나 많이 할퀴고 뜯겼는지 말로는 다 할 수 없을 정도다.

외부에서는 차를 마시거나 만들면서 차 문화 안에 서 있는 사람들을 무척이나 멋있는 감성의 소지자로 바라보고들 있다. 예전에는 나 또한 그러고 있었다. 솔직하니 말하면 산중 출가자나 마시며 사는 게 차라고 여기는 게 통상적인 인식이었다. 그러던 차가 많은 사람들이 즐기게 되면서 변화무쌍한 시류를 타고 있었다.

내 출가본사 선암사에서 직접 경험한 부초차(釜炒茶)인
아홉 번 덖음차를 비벼서 저잣거리로 나섰더니 하나같이
"구증구포(九蒸九曝)는 없다." 하고 "할 수도 없고, 할 필요도
없다." 면서 아무런 물증이 없다 비난을 퍼부었다.
그 차를 비비면서 차를 익힌 나는 이럴 때 어찌해야 하는지
난감했다. 단지 난감하다는 말로는 표현할 수 없는 엄청난
상황에 부딪치게 되었다.

모든 차 빚는 이들의 비난 속에서 나는 아홉 번 덖음차라는
이름을 낳은 법제인이 되었다. 뒤돌아보니 우스꽝스런
일이었지만, 아무런 준비도 없이 대중 앞에 차를 선보인 것이
기회였고, 커다란 역사의 시작이었다. 모두들 한 사람에게만
눈끝과 손끝 그리고 입끝을 대고 비난하고 비판하는 속에서
생존을 위해 몸부림쳤다.

피아골 첫차

봄비가 추적추적 내리던 밤, 악양골 첫차를 만났다.
첫차라는 말에 무조건 내달린 나는 분명 미쳤다.
모든 차서(茶書)에는 비오는 날 차 덖는 걸 피한다.
차를 덖어서는 안 된다고 언급하고 있지만 등 굽은 몸을
산허리에 겨우 의지해 한 잎 두잎 따 모은 찻잎을 두고
뒤돌아 나올 수는 없었다.
맛이나 향이 차의 진수지만, 정성심과 만나는 건 차의 진골을
만나는 거라 믿고 산다. 차에 대한 견해가 다양하지만, 중요한
건 차를 잘 알지 못한다는 거다. 차가 제일 좋아하는 건 불과
시간이다. 이제는 지리산 마고 할머니 의중만 헤아리려 한다.

물광

약간의 비 소식에 어릴 적 외갓집 대청마루로 시간 여행을
떠난다. 방학에 외갓집에 보내진 언니와 나는 저녁때가 되면
엄마가 보고 싶다고 굴뚝 모퉁이에 쪼그리고 앉아 훌쩍거렸다.
여름날 저녁 무렵 막내 이모가 대청마루와 노마루를
무릎 꿇고 걸레질하고 나면 말로 못할 묘한 냄새가 났다.
지금도 그 냄새는 왠지 마음을 편안하게 한다.
찻일을 하다 보면 다탁을 물행주로 닦아 가끔 물광을 낸다.
그때와 비슷한 묵지근한 나무향이 올라온다.
물광을 아는 차인을 만나 차 한 잔 하고프다.

차밭

차밭이 어디냐고 묻는다.
"나, 차밭 없어요."
차밭도 없는데 어떻게 차를 만든다는 거냐 또 묻는다.
"차공장도 없어요."

누구나 자신의 경험을 최고로 여기며 여기저기에서
얻은 간접경험을 토대로 모든 사고체계를 정리한다.
내가 차를 덖으며 경험한 차향은 이론서에 나오는 것보다
훨씬 복잡 다양했다.

비

투둑! 투두둑!
빗소리가 잠결에 들려오는데, 걱정이 한 짐이었다.
차 비비는 빈승의 염려가 어김없이 찾아왔다.
차가 잎을 피우기 시작하고 찻잎을 따내기 시작할 때가되면
비는 멀리해야 하는 자연현상이다. 제발 며칠만 참아주라
간절함이 절절하다.

사는 일이란 게 늘 이리 간절함과 간곡함 속에 있는 듯하다.
저 하늘에 대고 빌고 또 빌어 본 날이 얼마이던가.
오죽하면 잠결에 들은 빗소리에 이리 또 놀라 두 손을 모을까.
그 차철이 시작되었다. 또 놀라고 빌고 빌며 한바탕 뒹굴게
되겠다.

차솥에 불 넣어라

"차솥에 불 넣어라." 웬 까랑카랑한 여자 목소리냐고 다들
흠칫거렸다. 모두들 내게 너그러운 심덕을 기대한 듯하다.
비구니스님인데다 인상도 인자해 보인다는 거다. 하지만
차 덖을 시간만 되면 좀 사나워진다는 거다. 어째 그리 못되게
구는지 알 턱이 없다. 차는 조용히 정성들여 덖는다던데
뭔 일이냐며 순간 긴장감이 돌며 다들 숨죽인 손동작만 바쁘다.

"솥단지 제대로 닦인 거 맞나?"
"예. 엊저녁 씻을 물 데우고 난 뒤에 깨끗이 닦았는데요."
"한 번 더 큰소리다. 차솥이 덜 닦이면 차가 맑지 못해요.
솥면에 차액이 눌어붙어 있으면 차솥의 열기가 차에 제대로
전해지지 않아요. 항상 그걸 놓치면 안 돼요. 차솥 온도와
열기보다 더 중요한 게 차솥의 깨끗함이에요. 차는 작은 소홀함
하나 그냥 지나치지 않아요. 차솥의 열기가 얼마나 빠르게
찻잎에 전해지느냐에 따라 차맛이 좌우되는 겁니다. 최고의
차맛은 차솥의 열기가 그대로 차에 전해져야 느낄 수 있어요."
차 마시는 분들은 조용하고 차분하고 일사불란한 찻일을
상상한다. 그러나 찻일은 위험하고 힘든 일이기에 찰나의
선택에 많은 것이 좌우된다. 그렇기에 차 작업장에는 늘 약간의
긴장감이 팽팽하다. 작은 차이가 차맛을 결정한다. 차가 지닌
비밀이 차츰 풀리고 있는 건 물질문명이 발달한 덕분이지만,
차가 익어가는 일은 아직도 사람의 경험에 많은 부분 달려 있다.

구전구수(口傳口受)

적당하게, 알맞게, 적절하게… 뭐 다 비슷한 말이다.
차를 덖어내는 법제. 그 법제 방법을 딱 맞게 설명해낼
다른 말이 없어 '적당히'라는 표현으로 얼버무려 놓았다.
차철에 아홉 번 덖음차 법제를 한 번 보고 싶다며 찾아온 많은
차인들이 늘 레시피를 운운했다. 그러나 레시피라는 것은
공장형 생산일 때만 가능한 일이다. 하루에 따는 찻잎의
양이 일정해야 하고, 따는 찻잎의 크기가 일정해야 하고,
날씨가 매일 같아야 하고, 찻잎의 수분이 같아야 한다.
맛의 차이는 아주 미묘한 것에서 발생한다. 그렇기 때문에
그 차이를 알아차려 덖을 수 있어야 한다. 그 차이는
표준화시키기 어려운 것이다. 『다경(茶經)』에 이르기를
"차는 구전구수(口傳口受)이다." 즉 "차는 말로 전하고 말로
받는다."고 한다. 단순히 말로 설명한다는 게 아니다.
경험을 나누며 가르치고 배운다는 뜻이다. 우리네 전통에
구전구수 아닌 게 없다. 차를 덖는 것도 마찬가지다.

약으로 변해지이다

비가 내리면 좀 좋은가. 비 핑계 대고 또 미룰 수 있는데,
어쩔 수 없이 마지막 차통 포장을 한다. 쌀은 여든여덟 번
손이 가서 우리 입으로 들어온다는데, 차도 만만치 않다.
"이 차 마시는 모든 분들, 약왕보살님 가피로 몸과 마음이
번뇌를 여의게 하소서." 발원(發願)하며, 하나둘 상표도 붙이고,
아홉 번 덖음차 딱지도 붙여가며 정성스레 차봉지를 차통에
담는다.

한 해 찻일 마치고 지인들 만나면 차포장이 좀 허술하다는
말도 듣곤 하지만, 오동나무 상자에 담아내는 것까지가
내가 할 수 있는 최선이다. 차의 품질과 가격에 비해 포장이
많이 떨어진다고들 한다. 그래도 차 빚는 마음만은 밥 짓는
어머님 마음으로 덖어낸다. "약으로 변해지이다. 약으로
변해지이다. 더없는 묘약으로 변해지이다." 발원하며 빚는다.

정조결(精燥潔)

차가 인연이 되어 비비고, 우리고, 나누고, 마시고,
차의 덕과 복을 누리고 살면서 옛 어른들이 남겨놓은
어록을 등불 삼아 험로를 뚫고 앞으로 나아간다.

"정조결(精燥潔)이면 다도진의(茶道盡矣)니라."

"정성을 다해 만들고, 건조하게 보관하며,
청결하게 끓여 마시면 다도는 완성된다."고 하셨던
다성(茶聖) 초의의순(草衣意恂) 큰스님의 말씀을
늘 되새기며 찻물을 올린다.

찰나

지리산을 숨긴 비구름이 이런 세상을 만들다니,
미워하다 잦아드는 빗줄기에 만나러 나갔더니 산은
한 폭의 수묵화를 그리고 있다. 어떤 얼굴이 나인가.
지리산은 오늘도 빈승의 작디작은 속내를 책하고 있다.
찰나 간에 살면서 번뇌망집에 홀딱 마음 뺏기고 사니
꼴사나웠을 거다. 아이쿠, 이제서야 알아차리고 있으니
습때를 벗기기는 멀고도 먼가 보다. 차를 얼마만큼
덖어내야 찰나지경에 갇혀있음을 알아차리며 살게 될지.
물이나 끓여야지. 오늘은 차요일이니까.

끝과 시작

끝이 곧 시작이다. 마무리 하고 난 후 몸살이 심했다.
차도 마지막 불 먹임하고, 부처님오신날 대중에게 연잎 밥
공양도 올렸다. 그러고 나서 단단하다 믿었던 육신이 흔들리고
있는 걸 알았다. 낙심천만이다.
이제라도 알게 되었으니 다행인 건지, 아니면 믿고 있었던
의지처가 휘청거리니 걱정이 태산인 건지는 알 수 없지만
끙끙 거리며 앓았다. 아파 누워 지내느라 여기저기 안부
인사도 못했다. 곧 나아지겠지만 정말 불편한 게 이 몸뚱이인
걸 절감한다.
봄이 다 가는 걸 어찌 아는지 차철엔 아무리 힘들어도
잘도 견뎌 주더만 금세 꾀병이라도 부리는가 싶을 정도다.
차 몸살 꼭 하는 걸 보니 여름으로 넘어가는가 보다.
찻물이나 올려놔야지.

정말 아홉 번 덖었나요?

세상에 만물은 이름을 갖고 산다. 이름이 있어야
존재가 성립된다. 어떤 대상이라도 반드시 이름이 있다.
그 이름으로 비로소 세상에 드러나기 때문이다.
이름 하나 가지려 우여곡절을 견디고 시간을 버텼는가 싶다.
이 답답한 출가인이 무차대중이 모인 곳에 차 몇 통 비벼
공양한다고 서울 나들이 했던 때다. 차를 우려내는데 대중이
구름같이 몰려들었다. 펄펄 끓는 물 붓고 거칠게 차를
우려대니까 상식 없고 조심성 없는 산골무지렁이 취급을
받았다. 아홉 번 덖음차라고 하니까 궁금한가 보다.
한편으론 맛에 대한 기대도 있는 듯했다.

차를 만들며 처음 대중들과 만난 내 기억은 다들 의아해 하는
반응이었다. 아홉 번을 덖다니 말도 안 된단다. 차 체험하러
지리산에 다녀온 적도 있는데, 아홉 번 덖으면 다 부서진단다.
찻잎이 다 타고 부서져서 아홉 번을 덖을 수가 없다고 하였다.
그리고 아홉 번이나 덖을 필요가 없단다. 오히려 찻잎에 많은
비타민 C가 다 파괴된다고 했다. 참 이런저런 이론을 대며
끓는 물(열탕)로 차를 우려도 안 된다고도 했다.

이럴 때 난 무어라 대답해야 하나? 할 말이 없었다.
할 필요가 없었다. 아니, 하고 싶지 않았다.
아무 대꾸도 안 하고 고개를 돌리니, 완전 무례하게 굴었다.
어디 큰스님께서 우리나라 차는 속을 다치니 마시지 마라
하셨단다. 하지만 나는 빈속에 아무리 많이 마셔도 탈이
없었다. 속이 불편하지도 않았다.
아홉 번 덖지 않으면, 찻잎이 제대로 마르지도 않는다.
그럼에도 내가 차를 제대로 만들어 내기는 하나 싶을 정도로
여론이 분분했다. 하지만 차솥에서 차를 덖다보면 이렇게
아홉 번을 덖지 않을 수가 없었다. 그 과정을 안 거치면
차가 익지 않는 것이다. 나는 다만 원칙을 지키려 했을 뿐이다.

사랑

차는 사랑이다. 밤을 차 비벼 말리느라고 하얗게 지새우고는
날이 훤한 신새벽에 자리에 들게 되었다. 애처로운 울음소리는
이름조차 알 수 없는 새소리인데, 하도 애절하게 들려 잠에서
깼다. 하염없이 내리는 비가 저 울음의 시작이었나 보다.
창문으로 눈을 돌리니 돌담 위 담쟁이가 싱그럽다.
애달픈 울음과 싱그런 담쟁이를 보고 듣고, 또 이뭣고!
도대체 무슨 작용인가.
차는 그래서 사랑이다. 그 알 수 없는 심사를 끊임없이
투정 한 번 안 하고 기다려주니 말이다. 모처럼 시간이
내 곁에 있음을 알겠다. 이 아침이 한가하다.

이야기

찻잎이 두런두런 한다. 오후가 되었는데 몸이 이상하리만치
후끈거리며 나른하다. 묘한 피곤함이 넘친다. 그러다가 연록빛
친구가 두런두런 얘기하듯 내 손안에 쥐어지는 순간 언제
그랬냐는 듯 또 몸이 시원해진다. 알 수 없는 이 상황을
어떻게 말해야 하나.
찻잎이 피는 때가 되면 이렇게 온몸이 차에 빠져 허우적거리며
헐떡대고 있다. 요 며칠 오후가 되면 너무 나른해지는 걸
느끼며 왜 그러는지 곰곰 생각해보니 이런 이유였다.
오늘은 두런거리는 그 얘기를 듣지 못해 나른함에서 헤어나지
못하는 건가 싶다. 찻잎 두런거리는 소리를 얼른 들어야겠다.

늘 배운다.
그리고 늘 사유한다.
그 다음 행동한다.
참구에는 끝이 없다.
그래서 또 하나의 경계를 만난다.
그 마음자리 표현하는 말,
문자에도 경계를 나란히 두는 이를 만난다.

지리산 칠봉

지리산 칠봉에 떡하니 의지하고 살고 있는 작설차는 이 봄에
자꾸 내리는 비 소식에 기뻐하겠네. 지리산이 이렇게 겹겹이
둘러쌓아 만든 봉우리에 깃든 작설은 앞서거니 뒤서거니
솜털 옷을 벗고 따뜻한 햇살목욕을 반기고 있겠다.
섬진강 가까이 아래쪽에는 벌써 찻잎 채취에 바쁘겠고,
골 깊은 쪽에는 찻잎이 눈을 뜨려 기다리고 있겠다.
지리산 칠봉 품 안에서 차 한 잔 우려 공양 올려야겠다.
올해에도 여전히 차 비빌 수 있게 허락해주신 마고할머니께
또 무릎 꿇고 기도 올려야겠다. 감사하고, 감사합니다.
차 인연 맺어주셔 감사합니다.

차 수행

나를 비춰보는 일, 그게 곧 차 마시며 호흡에 집중하는 일이다.
차는 나를 고요하게 느낄 수 있게 한다. 찻물을 끓이려
마음먹은 순간부터 차분해지는 나를 보게 된다. 분주한 마음
따라 거칠었던 호흡이 점점 차분해져 가는 걸 느낀다.
향과 맛 그리고 색을 느끼려 의식을 집중한다. 그런 일을
차 수행이라 한다. 찻일에 의지해 수없이 내 안에서 일어나는
생각, 감정 그리고 느낌에 집중하는 일이다. 나를 비춰보는
일이 차 수행이다.

단단함

요즘은 깊은 산속 절집에서도 커피를 즐기고 사신단다.
수좌들의 음료로는 차가 전부인 줄 알고 있었는데 그게
아니란다. 좋은 커피 원두를 원하니 인연 되면 소개하라
하시는 스님을 뵈었다. 꼭 알아보겠노라 약조하고 뒤돌아서데
한순간에 힘이 쏘옥 빠졌다. 어금니 꽉 깨물고 다리에 힘주며
산길을 걸어 나왔다. 뭘 잘못하고 살았는지. 아니면 욕심이
너무 많았는지. 답답함이 올라왔다.

차는 몸과 마음을 느긋하게 해서 모든 문제를 깊게
생각하여 다각도로 해결할 수 있는 방법을 모색하게 한다.
그런데도 차를 인정하지 않는 풍조를 의아해하는 나를 외려
이상하게들 여긴다. 그래도 차철이 오면 차를 비비러
또 지리산을 찾을 것이다. 지리산 마고할머니께서 깊은 사랑을
주시어 차를 만나고 비비고 마시고 나눌 수 있어 행복하다.
차는 단단하다. 지키는 이가 있어 더욱 단단하다.

바람

누군가를 위해 거센 추위와 바람에 맞서 지극정성심 간절히 모았다. 얼음 같은 바람도, 손끝 코끝도 얼어 아려오는 아픔조차 하나도 느껴지지 않는 건 도대체 누구의 마음이 닿아 그런 걸까. 오히려 심장은 뜨겁고 손발엔 촉촉한 땀이 배어 나온다. 이미 기도는 그곳에 닿았으리라. 온몸을 덥히고 머릿속까지 텅 비게 하는 맑은 바람이 일었다. 누군가를 향한 바람이 영글어 기도의 꽃이 피었다.

차통

햇감자를 대여섯 개 구웠다. 차통 포장하면서 잠시 입맛을
잃었다. 모든 작업의 끝인 포장작업인데도 이상하게 차봉지를
만지고 있다 보면 시간여행하는 것같이 그 뜨거운 불덩이
솥단지 열감이 올라오는 거다. 참 묘하다. 괜시리 요리조리
핑계 대고 꾸물거리며 손길이 늦어진다. 늦은 점심으로
구운 감자 까먹고 다시 차통 작업을 한다.

차통은 오동나무로 짰다. 오동나무의 가루가 날아 땀이 난
살갗에 달라붙어 근질거린다. 탁탁 가루 털고 행주질도 하고,
소형 청소기로 먼지도 빨아내면서, 차봉지를 담아내려니
가려움이야 참아야 하는 하찮은 일인데 묘하게 스멀스멀
짜증이 올라온다. 시간이 해결해줄 일이다.
온통 손끝으로 해야 하는 일이다 보니 소소한 일이
아주 마음 쓰인다.

삶의 무게

삶은 무겁다. 때로 바람 불고 비 내린다. 이때처럼 비가 내리는 산길을 걸으며 환호성을 지르던 때가 있었던가. 저마다 가지 끝에 매달려 달랑거리지만 각기 원하는 대로 즐겁고 귀찮고 밉고 싫다.
그러고 사는 게 삶이다. 밉거나 싫거나 귀찮거나 혹은 즐겁거나 차 한 잔 마시며 툭툭 털자. 혼자 고요히 사유하며 차를 마신다. 그러다 보면 차가 그 많은 생각의 끄트머리를 정리해 준다. 별일 아니라고. 한평생 사는 날 동안 바람도 불고 비도 내린다고, 살아 있으니 바람도 맞고 비도 맞는 거라고.
비가 더 내렸으면 좋을 아침이다.

묘덕 스님의 아홉 번 덖음차는 …

어떤 이는 노래를 잘 불러서 사람들에게 감동을 준다.
요리를 잘 하거나 멋진 연기로 또는 아름다운 그림이나
조각으로 감동을 주기도 한다. 어떤 이는 인품이 고결하고
훌륭해서 그 자체가 감동인 경우도 있다. 묘덕 스님은 봄만
되면 더욱 사무치게 그리워지는 분이다. 햇차 맛이 궁금해서
안달하다 드디어 차가 도착하면, 그 아홉 번 덖음차 향에
취해 봄이 완성된다. 묘덕 스님은 차로 감동을 준다.
그런데 이번에는 글로 감동을 선사한다.
책장마다 차향이 그윽하다.

—
의정 스님(시인. 〈불교신문〉 논설위원)

여러 가지 차를 마셔봤지만, 묘덕 스님의 아홉 번 덖음차만한
차맛을 본 적이 없다. 아홉 번이란 말은 그저 그런 차솥의
온도에서 덖는 흉내만 낸 차가 아니다. 차솥이 터질 것 같은
고온에서 아홉 번 제살된 찻잎의 거듭 태어나 만난 필연이다.
또한 아홉 번을 견뎌내야 차가 되는 억센 야생의 찻잎은
어떠한가. 그러고 보면 덖는 이나 덖이는 찻잎이나 죽을
맛이다. 그 죽을 맛이 탄생시킨 극한의 차향, 그 죽음의 경계를
넘나드는 차맛 이야기가 이 책에 시적 필력으로 소개되어 있다.

—
도정 스님(시인. 〈월간 해인〉 편집장)

술의 맛을 평가하는 석창우의 기준은 한 잔 마셨을 때
맛이 좋으면 다시 한 잔 더 마셔 보는 것이다.
그래도 그 술이 괜찮으면 계속 즐긴다. 집에 선물로 들어온
차들이 많이 있어 이것저것 마셔 보았는데 한 번 더 마시고
싶은 차가 별로 없었다. 몇 년 전 만난 묘덕 스님의 아홉 번
덖음차가 바로 그런 차다.

—
석창우(화가, 수묵크로키의 창시자)

2013년 5월 4일과 그 다음 해 5월 12일 나는 지리산에
있었다. 아홉 번 덖음차를 만드는 현장이었다. 섭씨 400도
무쇠솥을 끌어안고 묘덕 스님은 무아의 경지였다. 초저녁에
시작한 작업은 새벽까지 이어졌다. 아홉 번이라니… 확인하지
않았으면 믿지 않았을 테다. 불구덩이에서 나온 이 차가
끓는 물을 만나 그대로 살아나는 모습은 경이다.
그 뒤로 난 다른 차는 마시지 않는다.

—
안충기(중앙일보 기자, 펜화가)

아홉 번 덖는 과정을 제 눈으로 지켜봤습니다.
덖고 털고 치대면서 색과 향을 살핍니다.
400℃ 무쇠솥에 온몸을 던져서 아홉 번을 그리합니다.
매번 표정이 일그러집니다. 매번 땀범벅입니다.
매번 신음 소리를 냅니다. 숫제 고통이 아닐 수 없습니다.
두 해에 걸쳐 모든 과정을 봤습니다.
제 눈으로 본 건 고행이자 수행이었습니다.

—
권혁재(중앙일보 사진기자)

사진 제공

묘덕 스님
___ p.24, p.29, p.114, p.125.

권혁재(중앙일보 사진기자)
___ p.8, pp.16-17, p.21, p.30, pp.34-35, p.39, pp.40-41, p.43, p.44, p.48, pp.52-53, p.56, p.59, p.62, p.65, pp.70-71, pp.74-75, p.79, p.83, pp.86-87, p.89, p.99, p.104, pp.110-111, p.119, p.170, pp.178-179, p.182, p.191, p.198, p.203.

정연호(문인화 화가)
___ pp.94-95, p.107.

조성환(애운당기획 대표)
___ pp.90-91, p.120, pp.130-131, pp.134-135, p.138, p.148, p.153, p.156, p.163, pp.166-167, p.175, p.185, pp.210-211.

조신형(전 대전광역시 시의원, 전 교통방송 대전본부장, 배재대학교 객원교수)
___ p.22.

(가나다 순)

아홉 번 덖음차

초판 1쇄 발행 2018년 4월 30일

◉

지은이　묘덕
사진　묘덕, 권혁재, 정연호, 조성환, 조신형
펴낸이　오세룡
기획·편집　정선경, 이연희, 박성화, 손미숙, 최상애
취재·기획　최은영, 권미리
디자인　쿠담디자인
고혜정, 김효선, 장혜정
홍보·마케팅　이주하

◉

펴낸곳　담앤북스
서울시 종로구 사직로8길 34(내수동)
경희궁의 아침 3단지 926호
대표전화 02) 765-1251
팩스 02) 764-1251
전자우편 damnbooks@hanmail.net

◉

출판등록 제300-2011-115호

◉

ISBN 979-11-6201-076-1 (03590)

◉

이 도서의 국립중앙도서관 출판예정도서목록(CIP)은
서지정보유통지원시스템 홈페이지(http://seoji.nl.go.kr)와
국가자료공동목록시스템(http://www.nl.go.kr/kolisnet)에서
이용하실 수 있습니다. (CIP제어번호: CIP2018012195)

◉